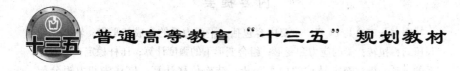

普通高等教育"十三五"规划教材

建筑力学能力训练
实用教程

主编　郭　影　随春娥　常建梅
主审　白铁钧

U0342192

北　京
冶金工业出版社
2018

内 容 提 要

本书分三篇共 14 章。主要内容包括：平面力系的合成与平衡；轴向拉伸与压缩；扭转；梁的应力和变形；组合变形下的强度计算；压杆稳定；平面体系的机动分析；静定结构的内力分析；结构位移计算；位移法和力矩分配法等。

本书可作为高等院校建筑规划、管理、暖通、建筑材料、土建、水利、道桥等专业的教材，也可供有关工程技术人员注册建筑工程师资格力学考试参考。

图书在版编目 (CIP) 数据

建筑力学能力训练实用教程/郭影，随春娥，常建梅主编. —北京：冶金工业出版社，2018.8

普通高等教育"十三五"规划教材

ISBN 978-7-5024-7809-4

Ⅰ.①建⋯ Ⅱ.①郭⋯ ②随⋯ ③常⋯ Ⅲ.①建筑科学—力学—高等学校—教材 Ⅳ.①TU311

中国版本图书馆 CIP 数据核字 (2018) 第 150818 号

出 版 人　谭学余

地　　址　北京市东城区嵩祝院北巷 39 号　邮编　100009　电话　(010)64027926

网　　址　www.cnmip.com.cn　电子信箱　yjcbs@cnmip.com.cn

责任编辑　杨盈园　美术编辑　彭子赫　版式设计　禹　蕊

责任校对　郑　娟　责任印制　李玉山

ISBN 978-7-5024-7809-4

冶金工业出版社出版发行；各地新华书店经销；三河市双峰印刷装订有限公司印刷

2018 年 8 月第 1 版，2018 年 8 月第 1 次印刷

787mm×1092mm　1/16；13.25 印张；321 千字；198 页

39.00 元

冶金工业出版社　投稿电话　(010)64027932　投稿信箱　tougao@cnmip.com.cn

冶金工业出版社营销中心　电话　(010)64044283　传真　(010)64027893

冶金书店　地址　北京市东四西大街 46 号 (100010)　电话　(010)65289081(兼传真)

冶金工业出版社天猫旗舰店　yjgycbs.tmall.com

(本书如有印装质量问题，本社营销中心负责退换)

编 写 人 员

主　　编　郭　影（沈阳大学）

随春娥（内蒙古大学）

常建梅（内蒙古大学）

主　　审　白铁钧

副 主 编　许　波（鄂尔多斯应用技术学院）

曹东波（沈阳工程学院）

王　舜（沈阳大学）

刘晓群（沈阳大学）

参编人员　朱广轶（沈阳大学）

张晓范（沈阳大学）

王柳燕（沈阳大学）

白　鸥（沈阳职业技术学院）

前　言

　　建筑力学是建筑学、城市规划、土木道桥、建筑管理等专业的重要专业技术基础课。掌握结构力学的基本概念、基本原理和分析计算方法，对学习后续专业课及解决工程实际问题十分重要。编写本教材的意义和作用：一是使学生了解杆件结构的组成规律，掌握各类结构的受力特征和计算原理与方法，重点培养学生对实际工程结构中力学问题的分析能力、计算能力、自学能力和表达能力四个能力，二是为后续专业课程的学习和毕业后独立进行分析结构设计、施工和管理打下必要的专业实践基础。

　　基于当前应用型本科学校转型发展教学改革需要和 21 世纪对学生能力培养的要求，结合沈阳大学建筑学、土木工程和道路桥梁与渡河工程等专业多年来教学改革的实践，按照教育部"高等学校理工科非力学专业力学基础课程教学基本要求"和教育部工科力学教学指导委员会"面向 21 世纪工科力学课程教学改革的基本要求"，编写了本书。

　　本书的编写内容及结构与目前国内出版的各类主流《建筑力学》教材基本一致，将所有知识点内容加以综合和归类，共分为理论力学能力训练、材料力学能力训练和结构力学能力训练 3 篇，共 14 章。其主要内容包括：平面力系的合成与平衡；轴向拉伸和压缩；扭转；梁的应力和变形；组合变形下的强度计算；压杆稳定；平面体系的机动分析；静定结构的内力分析；结构位移计算；力法；位移法和力矩分配法。每章内容顺序先是本章的知识结构、能力训练要点简介，其次是本章理论知识的归纳总结及例题详解，最后是本章的选择题、填空题、判断题和分析计算题等专项训练题目，并且设计了专项训练成绩分数段，便于教师平时对学生成绩打分和学生评价自学效果。本书还附有适用于中、少学时以及考研不同层次的结构力学综合训练题，旨在进一步强化解题训练，反映考试的重点、难点，培养学生的综合计算能力和实践应用能力，巩固和提高复习效果。本书可作为高等学校建筑、城市规划、建筑管理等专业建筑力学网络教学的辅助教材，也可作为资源共享课跨校选课参考用书。

　　本书得到了国家留学基金委项目（201708210323）、辽宁省自然科学基金（20170540649、20170540651）、内蒙古自然科学基金（2015BS0505）和"沈阳市重点建设专业项目"的资助以及辽宁省环境岩土工程重点实验室、内蒙古自治区桥梁检测与维修加固工程技术研究中心的大力支持。本书编撰者为：郭影（第 10~14 章）、随春娥（第 1~3 章）、常建梅（第 4~5 章、第 9 章）、许波（第 6~8 章）、刘晓群（绪论），书中双语词汇翻译由曹东波完成，此外部分文字编辑和校核工作由王舜、张晓范、王柳燕、朱广轶、白鸥完成，部分插图由学生吴凯凯、王莹和朱霖泽绘制。本书在编写过程中参考了大量的国内优秀教材，在此对有关作者一并表示感谢。

　　由于编者水平所限，书中不当之处，恳请读者予以指正，提出宝贵意见和建议。

编　者

2017 年 12 月

目　录

第1篇　理论力学能力训练

第 2 篇　材料力学能力训练

第3篇　结构力学能力训练

0 绪 论

学习指导

【本章知识结构】

知识模块	知识点	掌握程度
建筑力学基本概念	建筑力学主要任务内容	理解

【本章能力训练要点】

能力训练要点	应用方向
结构计算简图	确定结构受力特点
结构、荷载分类	确定结构计算方法

0.1 建筑力学的任务

建筑是建筑物与构筑物的总称，是人们为了满足生活、生产或其他活动的需要而创造的物质的、有组织的空间环境，如：房屋、桥梁、隧道等。建筑物和构筑物是由多种结构构件以及多种建筑材料组成。所谓结构就是建筑物或构筑物的骨架，是承担重力或外力的那部分构造，要求在各种自然界与人的活动作用下，结构能承担荷载并有明确的传力路径。

力学是建筑结构的基础，有了力学分析，结构设计结束了凭直觉与构想的经验时代，进入了以受力状态为设计依据的科学时代。研究力学，正确处理建筑与结构的关系，遵循力学原理，能使设计出的建筑物符合客观规律，在保证强度、刚度与稳定的前提下，材尽其用，经济合理。

建筑力学的主要任务是研究和分析作用在结构（或构件）上力与平衡的关系；结构（或构件）内力、应力、变形的计算方法以及构件的强度、刚度和稳定条件；在保证结构既安全可靠又经济节约的前提下，为构件选择合适的材料、确定合理的截面形状和尺寸提供计算理论及计算方法。

主要任务可归纳为以下几个方面的内容：

0.1.1 力系的简化和力系的平衡问题

用一个等效的简单力系来代替作用在刚体上的复杂力系，称为力系的简化；如果作用在刚体上的力系满足平衡条件，此时力系不改变刚体的原有运动状态，则称为力系的平衡。前提是需要假定所研究的对象为刚体。所谓刚体就是在外力作用下形状和体积不变的物体。虽然绝对的刚体是不存在的，但由于很多情况下物体的变形对力系的平衡问题影响甚小，所以变形可忽略不计。

0.1.2　强度问题

强度是材料、构件或结构在荷载作用下抵抗破坏的能力。工程上使用的材料与构件必须保证安全可靠，在正常使用状态下，构件与结构不应发生强度破坏。

0.1.3　刚度问题

刚度是材料、构件或结构抵抗变形的能力。结构构件在荷载作用下将产生内力，相应地将产生变形，如果变形过大会影响构件的正常使用。如：屋架上的檩条变形过大会使屋面凸凹不平，造成屋面漏水；梁的变形过大会引起门窗框变形，门窗不能正常开启，造成房屋不能正常使用。

0.1.4　稳定问题

稳定问题是细长轴心受压杆件，在压力远小于材料的抗压强度所确定的荷载时，杆件就发生弯曲，不能正常工作，甚至会导致结构的倒塌，这种现象也称为失稳。在设计细长的中心受压杆件时，长细比不能过大，也可以提高边界条件约束，或增大截面抗弯模量。

0.1.5　研究几何组成规则，保证结构各部分不致发生相对运动

要求工程结构必须是几何不变体系，在荷载作用下，当不考虑材料的变形时，能保持其几何形状和位置不变。

本书只研究与分析杆及杆系结构。

0.2　荷载的分类

荷载定义：结构上承受的主动力。

荷载分类：

（1）按荷载作用的范围可分为分布荷载和集中荷载；

（2）按荷载作用时间的长短可分为恒荷载和活荷载；

（3）按荷载作用的性质可分为静荷载和动荷载；

（4）按荷载作用位置的变化可分为固定荷载和移动荷载。

0.3　结构的计算简图

0.3.1　基本概念

（1）计算简图：对实际结构作力学分析，是通过结构计算简图来进行的，即用一个简化的图形代替实际结构的计算图形。

（2）结构体系：空间结构和平面结构。

（3）支座：结构与基础的连接部分，分刚性支座和弹性支座。

1）刚性支座：活动铰支座、固定铰支座和固定支座。

2）弹性支座：分伸缩和旋转弹性支座。

（4）结点：杆件间的连接区，分为刚结点、铰结点和组合结点。

1）刚结点：其特征是被连接的杆件在连接处不能相对移动，也不能相对转动，既可以传递力，也可以传递力矩。

2）铰结点：其特征是被连接的杆件在连接处不能相对移动，但可做相对转动，因此铰结点可以传递轴力和剪力，但不能传递力矩。

3）组合结点：在一个结点上可以同时出现刚结点和铰结点的连接方式。

0.3.2　简化原则

（1）计算简图必须能够反映实际结构的主要受力特征，确保计算结果可靠。

（2）在满足计算精度的条件下，结构计算简图尽量简单，使计算方便可行。

0.3.3　简化内容

（1）结构体系简化；

（2）支座简化；

（3）结点简化；

（4）杆件简化；

（5）荷载简化；

（6）材料简化。

0.4　杆系结构的分类

平面杆系结构的分类：梁、拱、刚架、桁架、组合结构和悬索结构。

专业词汇

计算简图 computing model　结构 structure　铰 hinge　铰结点 hinge joint　刚结点 rigid joint　联系 connection　链杆 bar　荷载 load　杆件结构 structure of bar system　板壳结构 plate and shell structure　实体结构 massive structure　梁式结构 beam-type structure　刚架 frame　拱 arch　平面桁架 plane truss　排架 bent　组合结构 composite structure

专项训练 0

一、填空题（每题 5 分，共计 15 分）

1. 结构按照几何特征分为_____、_____和_____；按照空间特征分为_____和_____。

2. 结构中常见的杆件有_____、_____和_____。

3. 恒荷载和活荷载是按_____和_____来区分的。

二、判断题（每题5分，共计25分）

1. 板和壳都是厚度很薄的构件，它们是根据其为平面或是曲面来区分的。（ ）
2. 在任何情况下，体内任意两点的距离保持不变的物体叫刚体。（ ）
3. 四边支撑的正方形楼板可以简化为一根杆件计算。（ ）
4. 结构的计算简图只考虑荷载的简化。（ ）
5. 结构力学的研究对象仍然是弹性小变形体。（ ）

三、选择题（每题5分，共计15分）

1. 建筑力学研究的任务是（ ）。
    A. 结构中的每一根构件都应该有足够的强度
    B. 设计时要保证构件的变形数值不超过它正常工作所容许的范围
    C. 构件和结构应保持原有的平衡状态
    D. 以上三种
2. 荷载按作用范围可分为（ ）。
    A. 静荷载和动荷载   B. 恒荷载和活荷载
    C. 分布荷载和集中荷载   D. 以上都是
3. 作用在楼面上的人群的重力称为（ ）。
    A. 恒荷载   B. 活荷载
    C. 静荷载   D. 动荷载

四、简答题（每题15分，共计45分）

1. 建筑力学的研究对象和具体任务是什么？

2. 什么是结构的计算简图？如何确定结构的计算简图？

3. 结构的计算简图中有哪些常用的支座和结点？

专项训练0 成绩:

优　秀　90~100分　□
良　好　80~89分　□
中　等　70~79分　□
合　格　60~69分　□
不合格　60分以下　□

第1篇

理论力学能力训练

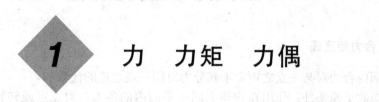

1 力 力矩 力偶

学习指导

【本章知识结构】

知识模块	知识点	掌握程度
力、力矩、力偶	力的性质、合成、分解	掌握
	合力矩定理；力偶概念、性质	掌握
	力偶矩计算、合力矩定理应用	掌握

【本章能力训练要点】

能力训练要点	应用方向
力偶矩计算、合力矩定理应用	力矩分解、合成、等效代换

1.1 力的性质、力的合成与分解

1.1.1 力的单位

国际单位制：牛顿（N）、千牛顿（kN）。

1.1.2 力的性质

（1）性质一：力的三要素。力对物体的效果由力的大小，方向和作用点三要素所决定。因此，力为矢量，常常用黑体字表示，如 **F**。

力的可传性：当力作用在刚体上时，只要不改变力的大小与方向，则力的作用点在其作用线上移动，并不改变该力对物体的外效应。

（2）性质二：作用力与反作用力公理。作用力与反作用力是一对大小相等，方向相反，作用线相同，分别作用在两个不同物体上的力。

（3）性质三：力的平行四边形定理。当两个力作用在物体上的某一点时，该两力对物体作用的效果可用一个力合力来代替。这个合力也作用在该点上，合力的大小与方向用这两力为边的平行四边形的对角线来确定。（三角形法则）

（4）性质四：二力平衡公理。受二力作用的物体，处于平衡状态的必要与充分的条件是：二力大小相等，作用线重合，指向相反。

1.2　合力矩定理及力偶的概念、性质

1.2.1　合力矩定理

平面内合力对某一点之矩等于其分力对同一点之矩的代数和。

力矩的平衡条件：作用在物体上同一平面内的各力，对支点或转轴之矩的代数和应为零。

1.2.2　力偶的概念

作用在同一物体上的两个大小相等，方向相反，且不共线的平行力。

力偶矩计算公式为：$M = Fh$

力偶的性质：

（1）因为与力的作用效果不同，不能用一个力来代替或平衡力偶。

（2）力偶的两个力对其作用平面内任意一点为矩心的力矩之和均等于力偶矩值，而与矩心位置无关。

（3）力偶的三要素：力偶矩大小，转向，作用平面。

1.3　例　题　详　解

【例 1-1】　如图 1-1a 所示，圆柱直齿轮受到啮合力 F 的作用。设 $F = 1400\text{N}$，压力角

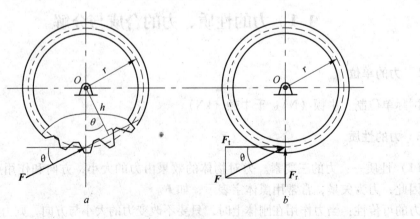

图 1-1

$\theta = 20°$，齿轮的节圆（啮合圆）的半径 $r = 60mm$，试计算力 F 对于轴心 O 的力矩。

解： 计算力 F 对点 O 的矩，可直接按定义求得（图 1-1a）：

即　　　　　　　$M_0(F) = F \cdot h = F_r \cos\theta = 1400N \times 60 \times \cos 20° = 78.93 N \cdot m$

也可以根据合力矩定理，将力 F 分解为圆周力 F_t 和径向力 F_r（图 1-1b），由于径向力 F_r 通过矩心，则

$$M_0(F) = M_0(F_t) \cdot M_0(F_r) = M_0(F_t) = F_r \cos\theta$$

由此可见，以上两种计算方法相同。

【例 1-2】 如图 1-2 所示，已知：$P = 1000N$，各杆重不计。求：三根杆所受的力。

解： 各杆均为二力杆，取球铰 O，画受力图，如图 1-3 所示。

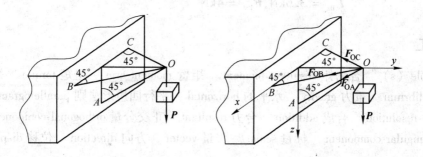

图 1-2　　　　　　　　　　　　　　　　图 1-3

$$\Sigma F_X = 0, F_{OB}\sin 45° - F_{OC}\sin 45° = 0$$

$$\Sigma F_Y = 0, -F_{OB}\cos 45° - F_{OC}\cos 45° - F_{OA}\cos 45° = 0$$

$$\Sigma F_Z = 0, F_{OA}\sin 45° + P = 0$$

解得：$F_{OA} = -1414N$，$F_{OB} = F_{OC} = 707N$（拉）。

【例 1-3】 如图 1-4 所示，已知：$a = 300mm$，$b = 400mm$，$c = 600mm$，$R = 250mm$，$r = 100mm$，$P = 10kN$，$F_1 = 2F_2$。

求：F_1、F_2 以及 A、B 处反力。

解： 取系统作为研究对象，受力分析如图 1-5 所示。

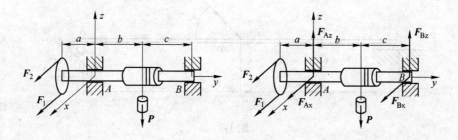

图 1-4　　　　　　　　　　　　　　　　图 1-5

$$\Sigma M_Y(F) = 0, (F_2 - F_1)R + Pr = 0$$

$$\sum M_{\mathrm{x}}(\boldsymbol{F}) = 0, \boldsymbol{F}_{\mathrm{Bz}}(b+c) - \boldsymbol{P}b = 0$$

$$\sum M_{\mathrm{z}}(\boldsymbol{F}) = 0, (\boldsymbol{F}_2 - \boldsymbol{F}_1)a - \boldsymbol{F}_{\mathrm{Bx}}(c+b) = 0$$

$$\sum \boldsymbol{F}_{\mathrm{x}} = 0, \boldsymbol{F}_1 + \boldsymbol{F}_2 + \boldsymbol{F}_{\mathrm{Ax}} + \boldsymbol{F}_{\mathrm{Bx}} = 0$$

$$\sum \boldsymbol{F}_{\mathrm{z}} = 0, \boldsymbol{F}_{\mathrm{Az}} + \boldsymbol{F}_{\mathrm{Bz}} - \boldsymbol{P} = 0$$

解得：

$$\boldsymbol{F}_1 = 2\boldsymbol{F}_2 = 8\mathrm{kN}$$

$$\boldsymbol{F}_{\mathrm{Ax}} = -15.6\mathrm{kN}, \boldsymbol{F}_{\mathrm{Az}} = 6\mathrm{kN}$$

$$\boldsymbol{F}_{\mathrm{Bz}} = 3.6\mathrm{kN}, \boldsymbol{F}_{\mathrm{Bx}} = 4\mathrm{kN}$$

专业词汇

力偶 couple（s）　合力矩 resultant moment　矩臂 moment-arm　扭矩 torque　矩 moment 平衡 equilibrium　重力 gravity　水平的 horizontal　平行四边形法则 parallelogram-law　分解 resolve-resolution　合成 addition　合力 resultant　正交分量 orthogonal-component　正交分量 rectangular-component　标量 scalar　矢量 vector　方向 direction　位移 displacement

专项训练 1

一、填空题（每空 5 分，共 15 分）

1. 已知图 1-6 所示正方体边长为 a，在右侧面作用已知力 $\boldsymbol{F}$，在顶面作用矩为 M 的已知力偶矩，则力系对 x，y，z 轴的力矩分别为 _____、_____、_____。

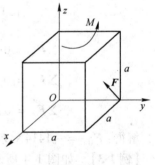

图 1-6

二、计算题

1. 水平梁 AB 及支座如图 1-7 所示。在梁的中点 D 作用倾斜 45°的力 $\boldsymbol{P} = 20\mathrm{kN}$。不计梁的自重及摩擦，试求支座 A 和 B 所受的力。（15 分）

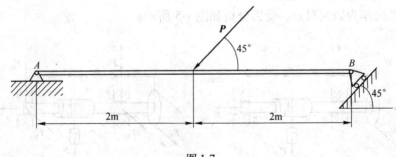

图 1-7

2. 组合梁 AC 和 CE 用铰 C 相连，A 端为固定端，E 端为活动铰链支座。受力情况如图 1-8 所示。已知：$l = 8\mathrm{m}$，$\boldsymbol{P} = 5\mathrm{kN}$，均布载荷集度 $q = 2.5\mathrm{kN/m}$，力偶矩的大小 $L = 5\mathrm{kN} \cdot \mathrm{m}$，试求固定端 A、铰链 C 和支座 E 的受力。（20 分）

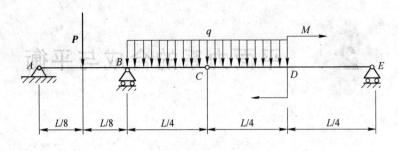

图 1-8

专项训练 1 成绩：

优　秀　46～50 分　☐
良　好　41～45 分　☐
中　等　36～40 分　☐
及　格　30～35 分　☐
不及格　30 分以下　☐

2　平面力系的合成与平衡

学习指导

【本章知识结构】

知识模块	知识点	掌握程度
平面力系的合成与平衡	平面力系的分类及特点	了解
	平面汇交力系合成的图解法、数解法及平移法则	掌握
	求平面力系的合力及其平衡条件	掌握

【本章能力训练要点】

能力训练要点	应用方向
平面力系的合力及其平衡条件	列平衡方程求解问题

2.1　平面力系合成的图解、数解、平移法则及平衡条件

2.1.1　平面汇交力系合成的图解法——力多边形法则

$$R = F_1 + F_2 + \cdots + F_n = \sum_{i=1}^{n} F_i = \Sigma F$$

平面汇交力系可简化为一合力，其合力的大小与方向等于各分力的矢量和（几何和），合力的作用线通过汇交点。

2.1.2　平面汇交力系平衡的几何条件

（1）平衡条件：$\Sigma F = 0$；

（2）平面汇交力系平衡的必要和充分条件：该力系的力多边形的力多边形自行封闭。

2.1.3　平面汇交力系合成的数解法

$$\begin{cases} R_x = F_{1x} + F_{2x} + \cdots + F_{nx} = \Sigma F_{ix} = \Sigma F \\ R_y = F_{1y} + F_{2y} + \cdots + F_{ny} = \Sigma F_{iy} = \Sigma F \end{cases}$$

合力的大小为 $R = \sqrt{(\Sigma F_{ix})^2 + (\Sigma F_{iy})^2} = \sqrt{(\Sigma F_x)^2 + (\Sigma F_y)^2} = \sqrt{R_x^2 + R_y^2}$

合力的方向为：$\tan\alpha = \left| \dfrac{F_y}{F_x} \right|$

2.1.4　力系的平移法则

当把作用在物体上的力 F 平行移至物体上任一点时，必须同时附加一个力偶，此附加力偶矩等于力 F 对新作用点的力矩。

2.1.5　平面一般力系的平衡条件和平衡方程

平面一般力系平衡的必要与充分条件是：主矢量 $R_0 = 0$ 与主矩 $M_0 = 0$。

平面一般力系平衡的解析条件是：力系中各力在直角坐标系 xOy 两坐标轴上的投影的代数和为零，且力系中各力对坐标平面内任意点（A 点）力矩的代数和也等于零。

$$\text{一矩式：} \begin{cases} \sum F_x = 0 \\ \sum F_y = 0 \\ \sum M_A = 0 \end{cases} \quad \text{二矩式：} \begin{cases} \sum F_x = 0 \\ \sum M_A^l = 0 \\ \sum M_B = 0 \end{cases} \quad \text{三矩式：} \begin{cases} \sum F_x = 0 \\ \sum M_A = 0 \\ \sum M_B = 0 \end{cases}$$

2.2　例 题 详 解

【例 2-1】　如图 2-1 所示，AB 水平杆件受按直线变化的荷载垂直作用，试求其合力的大小与合力作用线的位置。

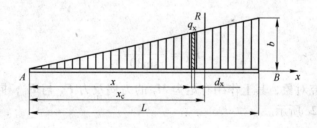

图 2-1

解： 以 A 为原点，如图 2-1 所示，作 x 轴，取一微段 d_x。X 处的荷载集度为 $q_x q_x = \dfrac{q}{L} x$。d_x 微段的荷载集度视为常量，则 d_x 长度上的合力大小为 $q_x d_x$，那么，AB 杆上按三角形分布的线荷载合力为 $R = \int_0^L q_x d_x = \int_0^L \dfrac{q}{L} x d_x = \dfrac{1}{2} qL$

令合力作用线至 A 点的距离为 X_c，则由合力矩定理可得：

$$Rx_c = \int_0^L (q_x d_x) x = \int_0^L \left(\frac{q}{L} x d_x \right) x = \int_0^L \frac{q}{L} x^2 d_x = \frac{q}{3L} L^3 = \frac{qL^2}{3}$$

$$x_c = \frac{\dfrac{qL^2}{3}}{R} = \frac{\dfrac{qL^2}{3}}{\dfrac{qL}{2}} = \frac{2}{3} L$$

【例 2-2】　如图 2-2a 所示，机构的自重不计。圆轮上的销子 A 放在摇杆 BC 的光滑导槽内。圆轮上作用一力偶，其力偶矩为 $M_1 = 2\text{kN} \cdot \text{m}$，$OA = r = 0.5\text{m}$。图示位置时 OA 与 OB 垂

直，$\theta = 30°$，且系统平衡。求作用于摇杆 BC 上力偶的矩 M_2 及铰链 O，B 处的约束力。

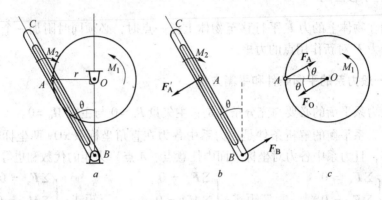

图 2-2

解：先取圆轮为研究对象，其上受到矩为 M_1 的力偶及光滑导槽对销子 A 的作用力 F_A 和铰链 O 处约束力 F_O 的作用。由于力偶必须由力偶来平衡，因而 F_O 与 F_A 必定组成一力偶，力偶矩方向与 M_1 相反，由此定出 F_A 与 F_O 的指向如图 2-2b 所示。由力偶平衡条件

$$\Sigma M = 0, M_1 - F_A r \sin\theta = 0$$

解得

$$F_A = \frac{M_1}{r\sin30°} \tag{2-1}$$

再以摇杆 BC 为研究对象，其上作用有矩为 M_2 的力偶及力 F_A 与 F_B，同理，F_A 与 F_B 必组成力偶，如图 2-2c 所示。

由平衡条件

$$\Sigma M = 0, -M_2 + F_A' \frac{r}{\sin30°} = 0 \tag{2-2}$$

式中，$F_A' = F_A$。将式（2-1）代入式（2-2），得

$$M_2 = 4M_1 = 8\text{kN} \cdot \text{m}$$

F_O 与 F_A 组成力偶，F_B 与 F_A' 组成力偶，则有

$$F_O = F_B = F_A = \frac{M_1}{r\sin30°} = \frac{2\text{kN} \cdot \text{m}}{0.5\text{m} \times \frac{1}{2}} = 8\text{kN}$$

方向如图 2-2b、c 所示。

【例 2-3】 如图 2-3a 所示，在均质梁上铺设有起重机轨道。起重机重 $p_2 = 50\text{kN}$，其重心在铅垂线 CD 上，重物的质量 $p_1 = 10\text{kN}$，梁重 $p_3 = 30\text{kN}$，尺寸如图所示。求当起重机的伸臂和梁 AB 在同一铅垂面内时，支座 A 和 B 处的约束力。

解：以系统为研究对象，解除约束，受力如图 2-3b 所示，这是平面平行力系的平衡问题。

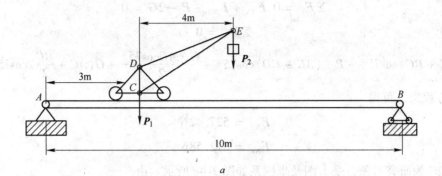

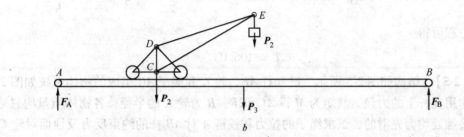

图 2-3

$$\sum M_B = 0, \quad -F_A \times 10 + P_2 \times 7 + P_3 \times 5 + P_2 \times 3 = 0$$

$$\sum M_A = 0, \quad F_B \times 10 - P_2 \times 3 - P_1 \times 7 + P_3 \times 5 = 0$$

解方程组可得

$$F_A = 53 \text{kN}, F_B = 37 \text{kN}$$

【例2-4】　如图 2-4a 所示，由 AC 及 BC 两部分组成的梯子，放在光滑的水平地面上，两部分重力均为 150N，彼此用铰链 C 及绳 EF 连接，一人的重力 $P = 600$N，站在 D 处。试求绳 EF 的拉力及 A、B 两处的约束力。

解：以整体为研究对象，受力图及坐标系如图 2-4b 所示。

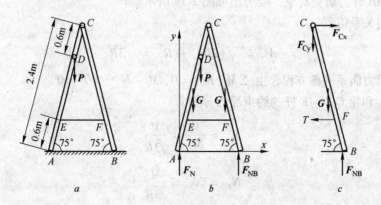

图 2-4

$$\Sigma \boldsymbol{F}_y = 0, \boldsymbol{F}_{NA} + \boldsymbol{F}_{NB} - \boldsymbol{P} - 2\boldsymbol{G} = 0$$

$$\Sigma M_A = 0$$

$$\boldsymbol{F}_{NB}(AC + BC)\cos75° - \boldsymbol{P} \cdot (AC - CD)\cos75° - \frac{\boldsymbol{G} \cdot AC\cos75°}{2} - \boldsymbol{G}(AC + \frac{BC}{2})\cos75° = 0$$

解方程组，可得

$$\boldsymbol{F}_{NA} = 527.42N$$

$$\boldsymbol{F}_{NB} = 372.58N$$

以 BC 为研究对象，受力图及坐标系如图 2-4c 所示。由

$$\Sigma M_C = 0, \boldsymbol{F}_{NB} \cdot BC\cos75° - T \cdot CF\sin75° - \frac{\boldsymbol{G} \cdot BC\cos75°}{2} = 0$$

解方程可得

$$T = 106.03$$

【例 2-5】　结构如图 2-5 所示，已知杆 AB，轮 C 和绳子 AC 组成的物体系统如图 2-5a 所示。作用在杆上的力偶，其矩为 M 设 $AC = 2R$，R 为轮 C 的半径，各物体质量均忽略不计，各接触处均为光滑的，试求绳子的拉力和铰链 A 对 AB 杆的约束反力及地面对轮 C 的反力。

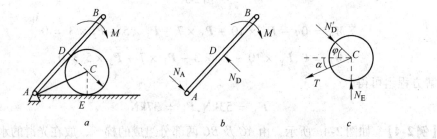

图 2-5

解：系统中 D、E 两处均为光滑支撑面约束。

（1）取 AB 杆为研究对象，受力图如图 2-5b 所示。

利用几何关系得到

$$AC = \sqrt{(2R)^2 - R^2} = \sqrt{3}R$$

根据平面力偶系平衡方程，由 $\Sigma M_i(\boldsymbol{F}) = 0$，$M - N_A \cdot AD = 0$

得铰链 A 和轮 C 对 AE 杆的约束反力分别为

$$N_A = \frac{M}{N_A} = \frac{M}{\sqrt{3}R}$$

$$N_D = N_A = \frac{M}{\sqrt{3}R}$$

（2）取轮 C 为研究对象。轮 C 受到一平面共点力系作用，如图 2-5c 所示，根据平面

共点力系的平衡方程，可得

$$\Sigma X = 0, \quad N'_D\cos\varphi - T\cos\alpha = 0$$

$$\Sigma Y = 0, \quad N_E + N'_D\sin\varphi - T\sin\alpha = 0$$

式中，$\cos\varphi = \dfrac{\sqrt{3}}{2}$，$\cos\alpha = \dfrac{\sqrt{3}}{2}$，$\sin\varphi = \sin\alpha = \dfrac{1}{2}$，$N'_D = N_D$。

解得绳子的拉力和地面对轮 C 的反力分别为

$$T = N_D = \frac{M}{\sqrt{3}R}, \quad N_E = \frac{M}{\sqrt{3}R}$$

【**例 2-6**】 构架如图 2-6a 所示，物体 P 重 1200N，由细绳跨过滑轮 E 而水平系于墙上，尺寸如图所示。不计杆和滑轮的质量，求支撑 A 和 B 处的约束力，以及杆 BC 的内力 F_{BC}（提示：先取整体，再取 AB 研究）。

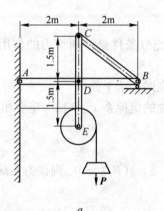
a

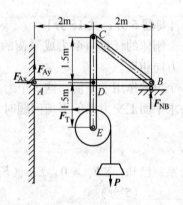
b

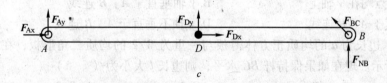
c

图 2-6

解：取整体为研究对象，受力分析如图 2-6b 所示，由平衡条件

$$\Sigma X = 0, \quad F_{Ax} - F_T = 0$$

$$\Sigma Y = 0, \quad F_{Ax} - P + F_{NB} = 0$$

$$\Sigma M_B(F) = 0, \quad P(2 - r) - 4F_{Ay} - F_T(1.5 - r) = 0$$

式中，r 为轮的半径，$F_r = P$，解得

$$F_{Ax} = 1200N, F_{Ay} = 150N, F_{NB} = 1050N$$

再研究杆 ADB，受力分析如图 2-6c 所示，由

$$\sum M_D(F) = 0, 2F_{BC}\sin\theta + 2F_{NB} - 2F_{Ay} = 0$$

得
$$F_{BC} = -1500N(压)$$

专业词汇

合成 addition　　分解 resolve-resolution　　平面 plane　　约束 restriction　　平衡 equilibrium　　载荷 load　　分布载荷 distributed-load　　轴 axis　　门铰，铰链 hinge　　解析法的 analytically 图解法的 graphically　　定理法则 theorem　　性质 property　　自然坐标系 path-coordinate　　垂直 vertical　　平行 parallel　　方向 direction　　位移 displacement　　法向的 normal

专项训练 2

一、判断题（每题 5 分，共 15 分）

1. 作用在一个刚体的任意两个力成平衡的必要和充分条件是：两个力的作用线相同，大小相同，方向相反。　　　　　　　　　　　　　　　　　　　　　　　　　（　　）

2. 刚体在 3 个力的作用下平衡，这 3 个力不一定在同一个平面内。　　　　　（　　）

3. 用解析法求平面汇交力系的平衡问题时，所建立的坐标系 x, y 轴一定要相互垂直。

　　　　　　　　　　　　　　　　　　　　　　　　　　　　　　　　　　　　（　　）

二、填空题

1. 一平面力系，已知：$\sum F_x = 0$，$\sum m_A(F_i) = 0$，$\sum m_B(F_i) = 0$，则该力系简化的最后结果是_____。（5 分）

三、选择题（每题 5 分，共 10 分）

1. 平面一般力系的二力矩式平衡方程为 $\sum m_A(F_i) = 0$，$\sum m_B(F_i) = 0$，$\sum F_y = 0$，其限制条件为（　　）

　A. A、B 两点均在 y 轴上　　　　　　　　B. y 轴垂直于 A、B 连线

　C. x 轴垂直于 A、B 连线　　　　　　　　D. y 轴不垂直于 A、B 连线

2. 一重为 W、边长为 a 的均质正方体薄板与一重为 $W/2$ 的均质三角形板，在 A 点悬挂，如图 2-7 所示。现在如果保持杆 BC 水平，则边长 l 大小为（　　）

　A. $a/2$　　　　　　　B. a　　　　　　　C. $2a$　　　　　　　D. $3a$

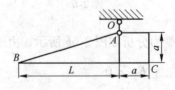

图 2-7

四、计算题

1. 如图 2-8 所示，结构由丁字形梁，ABC、直梁 CE 与支杆 DH 组成，C、D 点为铰链，均

不计自重。已知：$q = 200\text{kN/m}$，$p = 100\text{kN}$，$M = 50\text{kN} \cdot \text{m}$，$L = 2\text{m}$。
试求：固定端 A 处约束反力。（15 分）

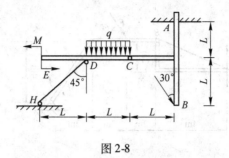

图 2-8

2. 如图 2-9 所示，行动式起重机不计平衡锤的质量为 $p = 500\text{kN}$，其重心在离右轨 1.5m
   处。起重机的起重量为 $P_1 = 250\text{kN}$，突臂伸出离右轨 10m。跑车本身的质量忽略不计，
   欲使跑车满载或空载时起重机均不致翻倒，求平衡锤的最小量 P_2 以及平衡锤到左轨的
   最大距离 x。（15 分）

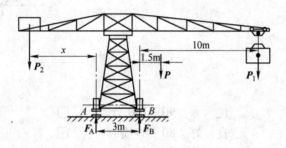

图 2-9

3. 如图 2-10a 所示，组合梁由 AC 和 DC 两段铰接构成，起重机放在梁上。已知起重机重
   $P_1 = 50\text{kN}$，重心在铅直线 EC 上，起重载荷 $P_2 = 10\text{kN}$。如不计梁重，求支座 A、B 和 D
   三处的约束力。（25 分）

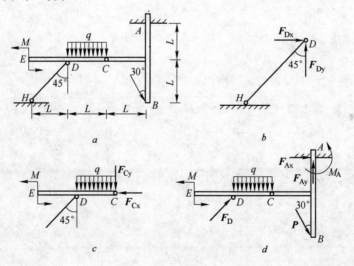

图 2-10

4. 如图2-11a所示，已知 $F=15\text{kN}$，$M=40\text{kN}\cdot\text{m}$，各杆件自重不计，试求 D 和 B 处的约束力。（15分）

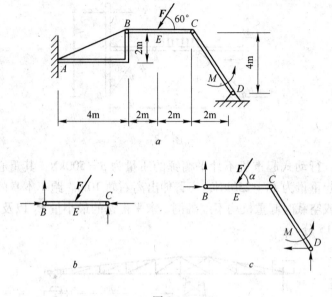

图 2-11

专项训练 2 成绩：

优　秀	90~100 分	□
良　好	80~89 分	□
中　等	70~79 分	□
及　格	60~69 分	□
不及格	60 分以下	□

空 间 力 系

学习指导

【本章知识结构】

知识模块	知识点	掌握程度
空间力系	力在坐标轴上的投影、力对点和轴之矩的计算	熟练掌握
	空间汇交力系和空间力偶系的合成	熟悉
	计算主矢、主矩	掌握

【本章能力训练要点】

能力训练要点	应用方向
计算主矢、主矩	复杂受力情况分析

3.1　力在坐标的分解和空间力系的平衡

3.1.1　空间直角坐标轴的分解

（1）一次投影法：$\begin{cases} F_x = F\cos\alpha \\ F_y = F\cos\beta \\ F_z = F\cos\gamma \end{cases}$

（2）二次投影法：$\begin{cases} F_z = F\cos\theta \times \cos\phi \\ F_x = F\cos\theta \times \sin\phi \\ F_y = F\sin\theta \end{cases}$

3.1.2　空间汇交力系的平衡

充分与必要解析条件：力系中各力在各坐标轴上投影的代数和分别等于零

$$\sum F_x = 0, \quad \sum F_y = 0, \quad \sum F_z = 0$$

3.1.3　空间一力对坐标轴之矩

（1）力对某轴之矩，即为该力垂直于此轴平面内的分力（如 F_z）对于此轴与该平面的交点（如 O 点）之矩。

$$M_y = F_x z - F_z x$$

大小：
$$M_x = F_z y - F_y z$$

$$M_z = F_y x - F_x y$$

方向：右手螺旋法则（力矩矢量方向与轴正方向相同为正，反之为负）。

（2）合力矩定理叙述式：力对任一坐标轴之矩，等于它的三个坐标轴方向的分力对该轴之矩的代数和。

$$M_x = M_y(F_x) + M_y(F_y) + M_y(F_z)$$

3.1.4　空间任意力系的平衡

必要和充分条件：所有各力在三个坐标轴上投影的代数和分别等于零；对各个坐标轴力矩的代数和也分别等于零。

$$\Sigma F_x = 0, \Sigma F_y = 0, \Sigma F_z = 0$$

$$\Sigma M_x = 0, \Sigma M_y = 0, \Sigma M_z = 0$$

3.1.5　物体的重心

（1）如果物体匀质体，即组成物体各部分微体积的密度 ρ_i 是常量。

$$x_C = \frac{\Sigma x_i h_i \Delta A_i}{\Sigma h_i \Delta A_i} = \frac{\Sigma x_i \Delta V_i}{V}$$

$$y_C = \frac{\Sigma y_i h_i \Delta A_i}{\Sigma h_i \Delta A_i} = \frac{\Sigma y_i \Delta V_i}{V}$$

$$z_C = \frac{\Sigma z_i h_i \Delta A_i}{\Sigma h_i \Delta A_i} = \frac{\Sigma z_i \Delta V_i}{V}$$

（2）如果物体是匀质、厚度相同的薄板（坐标轴建立在厚度中间平面内）。

$$x_C = \frac{\Sigma x_i \Delta A_i}{A}$$

$$y_C = \frac{\Sigma y_i \Delta A_i}{A}$$

$$z_C = 0$$

（3）积分法求形心坐标。

形心坐标：
$$x_C = \frac{\int_A x \mathrm{d}A}{A}$$

$$y_C = \frac{\int_A x \mathrm{d}A}{A}$$

（4）实验法求重心：悬挂法。

3.2 例题详解

【例 3-1】 A 端为球铰支座的起重桅杆 ABC，用 BC，BE 两根钢绳拉住，其计算简图如图 3-1 所示。AB 杆垂直地面 ADE 安装，C 端悬吊重物 $W = 10\text{kN}$。当起重臂杆 CK 旋转至图示位置，即铅垂面 ABC 与铅垂面 BAG 呈 $\alpha = 30°$ 时，已知 $h = 4\text{m}$，$a = 2\text{m}$。求两根钢绳的拉力 N_1、N_2 及支座 A 的反力 X_A、Y_A、Z_A。

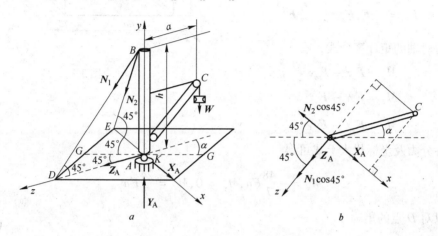

图 3-1

解：在 B 端 N_1 分解在 z 轴方向的分力为 $N_1\cos45°$，N_2 分解在 x 轴方向的分力为 $N_2\cos45°$，如图 3-1b 所示。

$$\Sigma M_x = 0, N_1\cos45°h - Wa\sin(45° + \alpha) = 0$$

得

$$N_1 = \frac{Wa\sin(45° + \alpha)}{h\cos45°} = \frac{10 \times 2\sin(45° + 30°)}{4\cos45°} = 6.83\text{kN}$$

$$\Sigma M_z = 0, N_1\cos45°h - Wa\sin(45° - \alpha) = 0$$

$$N_1 = \frac{Wa\sin(45° - \alpha)}{h\cos45°} = \frac{10 \times 2\sin45°}{4\cos45°} = 1.83\text{kN}$$

$$\Sigma F_z = 0, Z_A + N_1\cos45° = 0$$

$$Z_A = -N_1\cos45° = -6.83\cos45° = -4.83\text{kN}$$

$$\Sigma F_x = 0, X_A - N_2\cos45° = 0$$

$$X_A = N_2\cos45° = 1.83\cos45° = 1.29\text{kN}$$

$$\Sigma F_y = 0, Y_A - N_1\sin45° - N_2\sin45° - W = 0$$

$$Y_A = N_1\sin45° + N_2\sin45° + W = 16.1\text{kN}$$

【例 3-2】 在如图 3-2 所示的长方体的顶点 B 上作用一图示方向的力 F，试求该力 F 在 x，y，z 轴上的投影和对 x，y，z 轴的矩，并求该力对点 D 的矩及由点 D 指向点 A 的

DA 轴的矩。

解：首先求力 **F** 在 x、y、z 轴上的分力大小，其中

$$F_x = -F \times \frac{3\sqrt{5}}{7} \times \frac{1}{\sqrt{5}} = -\frac{3}{7}F$$

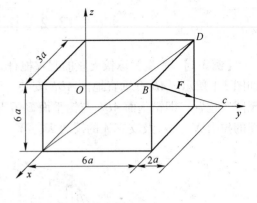

图 3-2

同理，可求得在 y 轴的 z 轴上的分力为

$$F_y = \frac{2}{7}F, F_z = -\frac{6}{7}F$$

由力对轴的矩计算公式，有

$$M_y = F_x z - F_z x$$

$$M_x = F_z y - F_y z$$

$$M_z = F_y x - F_x y$$

将各分力及坐标代入上式可得

$$M_x = -\frac{48}{7}Fa, M_y = 0, M_z = \frac{24}{7}Fa$$

所以对 *D* 点的矩为

$$M_O(\boldsymbol{F}) = \boldsymbol{r} \times \boldsymbol{F} = \begin{vmatrix} i & j & k \\ x & y & z \\ F_x & F_y & F_z \end{vmatrix} = (F_z y - F_y z)i + (F_x z - F_z x)j + (F_y x - F_x y)k$$

$$M_D = \frac{18}{7}Faj + \frac{6}{7}Fak$$

力对点的矩矢在通过该点的某轴上的投影，等于力对该轴的矩。所以对 *DA* 的矩为：

$$M_{DA}(\boldsymbol{F}) = -\frac{16}{7}Fa$$

【例3-3】 水平转动轴装有两个皮带轮 *C* 和 *D*，可绕 *AB* 轴转动，如图3-3所示。皮带轮的半径各为 $r_1 = 200\text{mm}$ 和 $r_2 = 250\text{mm}$，皮带轮与轴承间的距离为 $a = b = 500\text{mm}$。两皮带轮间的距离为 $c = 1000\text{mm}$。套在轮 *C* 上的皮带是水平的，其拉力为 $F_1 = 2F_2 = 5000\text{N}$；套在轮 *D* 上的皮带与铅直线呈角 $\alpha = 30°$，其拉力为 $F_3 = 2F_4$。求在平衡情况下，拉力 F_3 和 F_4 的值，并由皮带拉力所引起的轴承约束力。

解：取整体为研究对象，画受力图（如图3-3所示）。建立如图所示的坐标系，列平衡方程

$$\sum M_y = 0, F_1 r_1 + F_3 r_2 = F_2 r_1 + F_4 r_2$$

$$\sum M_x = 0, F_3 \cos\alpha (a + c) + F_4 \cos\alpha (a + c) = F_{Bz}(a + b + c)$$

$$\sum M_z = 0, F_3 \sin\alpha (a + c) + F_4 \sin\alpha (a + c) + (F_1 + F_2)a = F_x(a + b + c)$$

联立求解方程组，可解得

$$F_3 = 4\text{kN}, F_4 = 2\text{kN}$$

$$F_{Ax} = 6.625\text{kN}, F_{Az} = 1.299\text{kN}$$

$$F_{Bx} = 3.875\text{kN}, F_{Bz} = 3.897\text{kN}$$

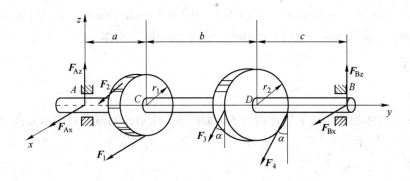

图 3-3

【例 3-4】 如图 3-4 所示，空间桁架由六杆（1、2、3、4、5 和 6）构成。在节点 A 上作用一力 F，此力在矩形 $ABCD$ 平面内，且与铅直线呈 45° 角。$\triangle EAK \cong \triangle FBM$。等腰三角形 EAK、FBM 和 NDB 在顶点 A、B 和 D 处均为直角，又 $EC = CK = FD = DM$。若 $F = 10\text{kN}$，求各杆的内力。

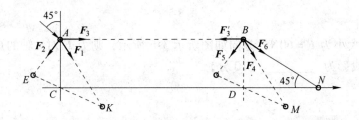

图 3-4

解： 图中各杆均为二力杆，受力分析如图 3-4 所示。先以铰接点 A 为研究对象，其平衡方程为

$$\sum F_{ix} = 0: \qquad F_1 \sin 45° - F_2 \sin 45° = 0$$

$$\sum F_{iy} = 0: \qquad F_3 + F \sin 45° = 0$$

$$\sum F_{iz} = 0: \qquad -F_1 \cos 45° - F_2 \sin 45° - F \cos 45° = 0$$

解得 $F_1 = F_2 = -5\text{kN}$，$F_3 = -7.07\text{kN}$，均为压力。

再以铰接点 B 为研究对象，其平衡方程为

$$\sum F_{ix} = 0: \qquad F_4 \sin 45° - F_5 \sin 45° = 0$$

$$\sum F_{iy} = 0: \qquad F_6 \sin 45° - F_3' = 0$$

$$\sum F_{iz} = 0: \qquad -F_4 \cos 45° - F_5 \cos 45° - F_6 \cos 45° = 0$$

解得 $\qquad F_4 = F_5 = 5\text{kN}(拉), F_6 = -10\text{kN}(压)$

专业词汇

静力学 statics　　汇交的 concurrent　　共面的 coplanar　　平面 plane　　椭圆 ellipse　　矩形 rectangular　　圆柱 cylinder　　惯性，惯量 inertia　　截面 section　　对角线 diagonal　　形心 centroid　　对称 symmetry　　圆锥 cone　　惯性系 Inertial-Reference-Frame　　非惯性系 non-inertial-reference-frame　　质量 mass　　倾斜 incline　　质点 particle　　刚体 rigid

专项训练 3

一、填空题

1. 边长为 a 正方体的对角线上的作用线 F，如图 3-5 所示，则该力对图示直角坐标系的坐标轴的矩为 $M_x(F)$ = _____，$M_y(F)$ = _____，$M_z(F)$ = _____。（10 分）

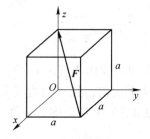

图 3-5

2. 已知力 F 的大小为 $F = 60$N，方向如图所示 3-6 所示，则力 F 对 z 轴的矩为_____，在 y 轴上的投影为_____。（10 分）

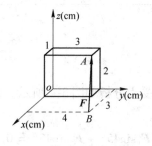

图 3-6

二、判断题

1. 一空间任意力系，若各力的作用线均平行于某一固定平面，则其独立的平衡方程最多有三个。　　　　　　　　　　　　　　　　　　　（　　　）（10 分）

三、计算题

1. 使水涡轮转动的力偶矩为 $M_x = 1200$N·m。在锥齿轮 B 处受到的力分解为 3 个分力：圆周力 F_t、轴向力 F_n 和径向力 F_r。这些力的比例为 $F_t : F_n : F_r = 1 : 0.32 : 0.17$。已知水涡轮连同轴和锥齿轮的总重为 $P = 12$kN，其作用线沿轴 C_z，锥齿轮的平均半径 $OB = 0.6$m，其余尺寸如图 3-7 所示。试求止推轴承 C 和轴承 A 的约束力。（25 分）

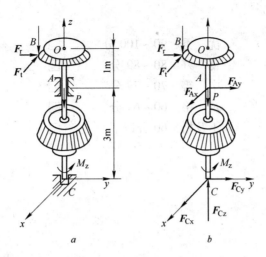

图 3-7

2. 水平圆盘的半径为 r，外缘 C 处作用有已知力 F。力 F 垂直于 OC 且与 C 处圆盘切线夹角为 $60°$。其他尺寸如图 3-8 所示。求力 F 对 x、y、z 轴的矩。（25 分）

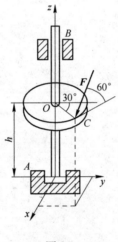

图 3-8

3. 求图 3-9 所示截面重心的位置。（20 分）

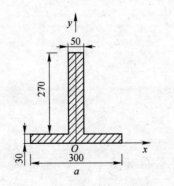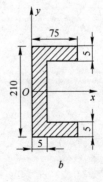

图 3-9

专项训练3成绩:

优　秀　90~100分　☐

良　好　80~89分　☐

中　等　70~79分　☐

及　格　60~69分　☐

不及格　60分以下　☐

第2篇

材料力学能力训练

4 轴向拉伸与压缩

学习指导

【本章知识结构】

知识模块	知识点	掌握程度
轴向拉伸压缩的内力、应力、应变及变形	拉（压）杆的内力、应力、位移、变形和应变概念	掌握
	轴力计算、轴力图绘制；截面法	掌握
	单向拉压的胡克定律	掌握
	材料的拉压力学性能	掌握
轴向拉伸压缩强度条件	强度条件的概念及计算	掌握
	应力集中	理解
连接计算	剪切挤压的概念及实用计算	掌握
应变能	应变能、比能的计算	理解
拉压超静定	拉压超静定问题计算	掌握

【本章能力训练要点】

能力训练要点	应用方向
拉压杆件的强度条件	三类问题的解决
剪切、挤压	验算连接处的强度
拉压变形协调条件	拉压静定计算

4.1　轴向拉压的基本概念及计算方法

4.1.1　拉（压）杆横截面上的内力、轴力图

4.1.1.1　基本概念

（1）内力：物体因受外力而变形，其内部各部分之间因相对位置改变而引起的相互作用就是内力，即构件对变形的抗力称为内力。因构件的内力是由外力引起的，因此又称为附加内力。

（2）截面法：用假想的截面将构件分成两部分，以显示并确定内力的方法称为截面法。

（3）轴力：轴向拉压时外力作用线与杆件轴向重合，内力的合力作用线也与杆件轴向重合，该内力称为轴力。规定拉伸时轴力为正，压缩时轴力为负。

4.1.1.2　截面法求内力的步骤

（1）作截面；

（2）取脱离体；

（3）列平衡方程。

4.1.1.3　轴力图的画法

轴力图的 x 横坐标轴平行杆件轴线，表示横截面位置；纵坐标表示相应截面上的轴力，正值画在 x 轴上侧，负值画在 x 轴下侧。

4.1.2　应力的概念

（1）应力：构件受外力作用时，其内部截面上某点分布内力的集度。单位为 Pa，常用 MPa、kPa 等。

（2）正应力：应力垂直于截面的分量称为正应力，用 σ 表示。

（3）切应力：应力切于截面内的分量称为切应力，用 τ 表示。

4.1.3　拉（压）杆横截面及斜截面上的应力

拉（压）杆横截面正应力公式为

$$\sigma = \frac{N}{A} \tag{4-1}$$

拉（压）杆斜截面正应力公式为

$$\sigma_\alpha = \frac{\sigma}{2}(1 + \cos2\alpha) \tag{4-2}$$

拉（压）杆斜截面切应力公式为

$$\tau_\alpha = \frac{\sigma}{2}\sin2\alpha \tag{4-3}$$

式中，σ 为横截面正应力；α 为斜截面法线与 x 轴正向夹角。

斜截面最大、最小应力分别为

$$(\sigma_\alpha)_{max} = \sigma_{\alpha=0°} = \frac{N}{A}, (\sigma_\alpha)_{min} = \sigma_{\alpha=90°} = 0$$

$$|\tau_\alpha|_{max} = \tau_{\alpha=±45°} = \frac{N}{2A}, |\tau_\alpha|_{min} = \tau_{\alpha=0°,90°} = 0$$
(4-4)

4.1.4 拉（压）杆内应力单元体

4.1.4.1 应力状态

取无限小的正六面体表示杆中任意一点，单元体各面法线分别为 x、y、z 轴。则该点各方位截面上应力的全部情况称为该点的应力状态。

4.1.4.2 单向应力状态

拉（压）杆内以 x 面为横截面，y 面为纵截面，z 面与纸平面平行。其一点应力状态完全由横截面的正应力确定。

4.1.4.3 切应力互等定律

单元体互相垂直平面上的切应力大小相等，其方向都指向或背离两平面的交线。

4.1.5 拉（压）杆的变形、胡克定律

4.1.5.1 位移与变形

（1）位移：受力物体形状改变时，物体上一点位置的改变（相对于某参考坐标系）。可分为线位移和角位移。

（2）变形：受力物体形状改变时，物体内任意两点之间线距离或两正交线段之间夹角的改变，前者称为线变形，后者称为角变形。

4.1.5.2 绝对变形

拉（压）杆在轴向外力作用下长度的实际改变量 $\Delta l = l_1 - l$ 称为绝对变形，而相对变形量 $\varepsilon = \frac{\Delta l}{l}$ 称为纵向线应变。横向线应变表示为 $\varepsilon' = \frac{\Delta b}{b}$。纵向线应变和横向线应变的关系为 $\varepsilon' = -\mu\varepsilon$，$\mu$ 为泊松比。

4.1.5.3 胡克定律

$$\Delta l = \frac{Nl}{EA}$$
(4-5)

或

$$\sigma = E\varepsilon$$
(4-6)

适用条件：应力不超过材料的比例极限，即材料处于线弹性范围；在计算 Δl 的长度范围内，N、E、A 均为常数。

4.1.5.4 位移的计算

（1）选取参考坐标系。

（2）计算杆件的变形量。

（3）根据变形的相容性作位移图，由位移的几何关系计算。

4.1.6　极限应力、许用应力和强度条件

4.1.6.1　拉（压）杆的强度条件
构件的最大应力不得超过材料的许用应力

$$\sigma_{\max} = \frac{N}{A} \leqslant [\sigma] \tag{4-7}$$

许用应力是材料允许承受的最大工作应力

$$[\sigma] = \frac{\sigma^0}{n} \tag{4-8}$$

式中，σ^0 为极限应力。对于塑性材料，当其达到屈服而发生显著的塑性变形时，即丧失了正常的工作能力，所以通常取屈服极限作为极限应力；对于无明显屈服阶段的塑性材料，则取对应于塑性应变为 0.2% 时的应力为极限应力。对于脆性材料，由于材料在破坏前都不会产生明显的塑性变形，只有在断裂时才丧失正常工作能力，所以应取强度极限为极限应力。

4.1.6.2　强度条件的三类问题

（1）强度校核：　　　$\sigma_{\max} = \frac{N}{A} \leqslant [\sigma]$

（2）截面设计　　　　$A \geqslant \frac{N}{[\sigma]}$

（3）许用荷载计算：　$N \leqslant [\sigma]A$，由 N 计算外荷载 F。

4.1.7　应力集中的概念

由于截面尺寸突然改变而引起在较小区域内应力急剧增大的现象，称为应力集中。用应力集中系数来表示应力集中的程度。

$$\alpha = \frac{\sigma_{\max}}{\sigma_{\mathrm{m}}} \tag{4-9}$$

式中，$\sigma_{\max}$ 为切口处最大应力，σ_{m} 为切口截面的平均应力。

4.1.8　应变能的概念

拉（压）杆的应变能（J）为

$$U = \frac{N^2 l}{2EA} \tag{4-10}$$

应变比能（J/m^3）为

$$u = \frac{U}{V} = \frac{\frac{1}{2}N\Delta l}{Al} = \frac{1}{2}\sigma\varepsilon \qquad (4\text{-}11)$$

4.2 材料在拉伸和压缩时的力学性能

4.2.1 低碳钢拉伸试验

4.2.1.1 弹性变形与塑性变形
（1）弹性变形：解除外力后能完全消失的变形。
（2）塑性变形：解除外力后不能消失的永久变形。

4.2.1.2 变形的四个阶段
（1）弹性变形阶段。
（2）屈服阶段。
（3）强化阶段。
（4）颈缩阶段。

4.2.1.3 力学性能指标
A　强度指标
（1）弹性极限 σ_e：应力和应变成正比的最高应力值。
（2）比例极限 σ_p：只产生弹性变形的最高应力值。
（3）屈服极限 σ_s：应力变化不大，应变显著增加时的最低应力值。
（4）强度极限 σ_b：材料在断裂前所能承受的最大应力值。

B　其他指标
（1）弹性指标：

弹性模量 $\qquad\qquad E = \frac{\sigma}{\varepsilon}(\text{N}/\text{m}^2)$

（2）塑性指标：

伸长率 $\qquad\qquad \delta = \frac{l_1 - l}{l} \times 100\%$

截面收缩率 $\qquad\qquad \psi = \frac{A - A_1}{A} \times 100\%$

C　冷作硬化
材料经过预拉至强化阶段，卸载后再受拉，材料会出现比例极限提高，塑性降低的现象。

4.2.2 其他材料拉伸时的力学性能

名义屈服极限 $\sigma_{0.2}$：对没有屈服极限的塑性材料，将对应于塑性应变 $\varepsilon_s = 0.2\%$ 时的应变定义为条件屈服极限 $\sigma_{0.2}$，也称为名义屈服极限。

4.3　拉（压）杆连接部分的强度计算

4.3.1　剪切及其实用计算

（1）剪切受力特征：构件受一对大小相等、方向相反、作用线相互靠近但不重合的平行力作用。

（2）剪切变形特征：构件沿两平行力的交界面发生相对错动。

（3）剪切面：构件将发生相互错动的面。

（4）剪力：剪切面上的内力，其作用线与剪切面平行。

（5）剪切强度条件：

$$\tau = \frac{V}{A_V} \leqslant [\tau] \tag{4-12}$$

式中，V 为剪切面的切应力的合力即剪力；A_V 为剪切面的面积。

4.3.2　挤压及其实用计算

（1）挤压：构件局部面积的承压作用。

（2）挤压强度条件：

$$\sigma_c = \frac{F_c}{A_c} \leqslant [\sigma] \tag{4-13}$$

式中，F_c 为挤压力；A_c 为挤压计算面积。

4.4　例　题　详　解

【例4-1】　求图4-1a 所示各杆指定截面上的轴力及应力，并作各杆的轴力图。等直杆横截面面积为 $200\mathrm{mm}^2$。

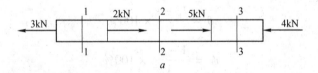

a

解：绘制轴力图的步骤：

（1）用截面法计算出不同截面上的内力。

（2）以杆轴线作为基线，表示截面位置，垂直于基线的值表示轴力大小。

（3）正值画在基线上侧，负值画在基线下侧。

（4）检查所画轴力图，在集中荷载处有突变。

各截面轴力及应力分别为：

1—1 截面（图4-1b）

$$\Sigma X = 0 \quad N_1 - 3 = 0 \quad N_1 = 3\text{kN}$$

2—2 截面（图 4-1c）

$$\Sigma X = 0 \quad N_1 + 2 - 3 = 0 \quad N_2 = 1\text{kN}$$

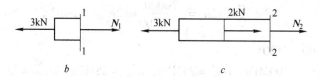

b c

3—3 截面（图 4-1d）

$$\Sigma X = 0 \quad N_3 + 4 = 0 \quad N_3 = -4\text{kN}$$

作轴力图（如图 4-1e）所示。

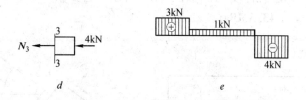

d e

图 4-1

各截面应力如下：

$$\sigma_{1-1} = \frac{N_1}{A} = \frac{3000}{200} = 15\text{MPa}, \quad \sigma_{2-2} = \frac{N_2}{A} = \frac{1000}{200} = 5\text{MPa},$$

$$\sigma_{3-3} = \frac{N_3}{A} = \frac{-4000}{200} = -20\text{MPa}$$

【例 4-2】 如图 4-2 所示，石砌承重柱高 $h = 8\text{m}$，横截面面积为 $A = 3\text{m} \times 4\text{m}$。若荷载 $F = 1000\text{kN}$，材料的密度 $\rho = 2350\text{kg/m}^3$，求石柱底部横截面上的应力。

解：求石柱底部应力，需知道石柱底部截面的内力等于外加荷载与重力之和，然后按照公式计算。

$$\sigma = \frac{N}{A} = \frac{1000 \times 10^3 + 3 \times 4 \times 8 \times 2350 \times 9.8}{3 \times 4 \times 10^6} = 0.267\text{MPa}$$

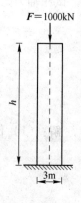

图 4-2

【例 4-3】 如图 4-3 所示，拉杆承受轴向拉力 $F = 20\text{kN}$，杆的截面面积 $A = 200\text{mm}^2$，如以 α 表示某斜截面与横截面的夹角，试分别计算 $\alpha = 0°$，$30°$，$60°$，$120°$时，各斜截面上的正应力和切应力。

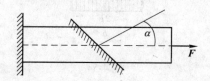

图 4-3

34

解： 根据公式可直接求解。

$$\sigma_\alpha = \frac{\sigma}{2}(1 + \cos2\alpha) = \frac{20000}{2 \times 200}(1 + \cos2\alpha) = 50(1 + \cos2\alpha)$$

$$\tau_\alpha = \frac{\sigma}{2}\sin2\alpha = \frac{20000}{2 \times 200}\sin2\alpha = 50\sin2\alpha$$

代入 $\alpha = 0°$，$30°$，$60°$，$120°$

则　　　　　　　$\sigma_{0°} = 100\mathrm{MPa}$，$\sigma_{30°} = 75\mathrm{MPa}$，$\sigma_{60°} = 25\mathrm{MPa}$，$\sigma_{120°} = 25\mathrm{MPa}$，

$$\tau_{0°} = 0，\tau_{30°} = 43.3\mathrm{MPa}，\tau_{30°} = 43.3\mathrm{MPa}，\tau_{120°} = -43.3\mathrm{MPa}$$

【例 4-4】 拉杆及横截面面积同图 4-3。今在其表面取 A 单元体，已知 $\alpha = 30°$（见图 4-4a）。试画出单元体各面上应力的大小与方向。

解： 如前所述，则单元体受力图如图 4-4b 所示，且 $\sigma_{30°} = 75\mathrm{MPa}$，$\tau_{30°} = 43.3\mathrm{MPa}$；$\sigma_{120°} = 25\mathrm{MPa}$，$\tau_{120°} = -43.3\mathrm{MPa}$。

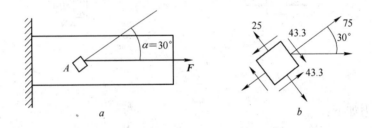

图 4-4

【例 4-5】 等直杆受力如图 4-5a 所示。已知杆的截面面积为 A，材料的弹性模量为 E。试作轴力图，并求杆端点 B 的位移量 Δ_B。

解： （1）作轴力图（图 4-5b）。

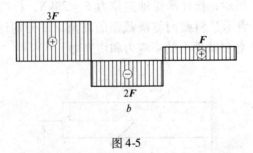

图 4-5

（2）由于 A 端固定，杆端点 B 的位移量等于各杆段变形量之和，即

$$\Delta_B = \Sigma \frac{Nl}{EA} = \frac{3F \times \frac{l}{3}}{EA} + \frac{-2F \times \frac{l}{3}}{EA} + \frac{F \times \frac{l}{3}}{EA} = \frac{2Fl}{3EA}$$

【例4-6】 已知图4-6a 所示结构的尺寸和所受荷载及 CD 杆的 EA，AB 杆为刚性杆。求 B 点的位移。

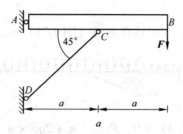

解：（1）CD 杆为二力杆，求解该杆内力（图4-6b）。

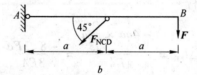

$$\Sigma M(A) = 0 \quad F_{YCD} \times a + F \times 2a = 0$$

$$F_{YCD} = -2F \quad F_{XCD} = -2F \quad F_{NCD} = -2\sqrt{2}F$$

（2）计算 CD 杆的变形量。

$$\Delta l_{CD} = \frac{-2\sqrt{2}F \times \sqrt{2}a}{EA} = \frac{-4Fa}{EA}$$

（3）画出 C 点位移图（图4-6c）（这里 AB 为刚性杆，只能绕 A 点转动）。

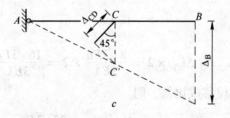

图4-6

$$\Delta_{CY} = \Delta l_{CD} \times \sqrt{2} = \frac{4Fa}{EA} \times \sqrt{2} = \frac{4\sqrt{2}Fa}{EA}$$

（4）B 点位移与 C 点位移成比例，则

$$\Delta_B = 2\Delta_{CY} = 2 \times \frac{4\sqrt{2}Fa}{EA} = \frac{8\sqrt{2}Fa}{EA}(\downarrow)$$

【例4-7】 已知图4-7a 所示结构的尺寸和所受荷载及 CD 杆的 EA，AB 杆为刚性杆。求 B 点的位移。

36

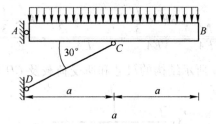

解：（1）*CD* 杆为二力杆。求解该杆内力（图 4-7*b*）。

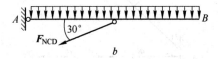

$$\Sigma M(A) = 0 \quad F_{YCD} \times a + 2qa \times a = 0$$

$$F_{YCD} = -2qa \quad F_{XCD} = -2\sqrt{3}qa \quad F_{NCD} = -4qa$$

（2）计算 *CD* 杆的变形量。

$$\Delta l_{CD} = \frac{-4qa \times \frac{2}{\sqrt{3}}a}{EA} = \frac{-8\sqrt{3}Fa}{3EA}$$

（3）画出 *C* 点位移图（图 4-7*c*）（这里 *AB* 为刚性杆，只能绕 *A* 点转动）。

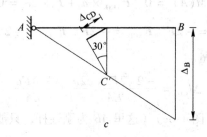

图 4-7

$$\Delta_{CY} = \Delta l_{CD} \times 2 = \frac{8\sqrt{3}Fa}{3EA} \times 2 = \frac{16\sqrt{3}Fa}{3EA}$$

（4）*B* 点位移与 *C* 点位移成比例，则

$$\Delta_B = 2\Delta_{CY} = 2 \times \frac{16\sqrt{3}Fa}{3EA} = \frac{32\sqrt{3}Fa}{3EA}(\downarrow)$$

【例4-8】 已知图 4-8*a* 所示结构的尺寸和所受荷载及 *CD* 杆的 *EA*，*AB* 杆为刚性杆。求 *B* 点的位移。

解：（1）求解 *CD* 杆内力（图 4-8*b*）。

$$\Sigma M(A) = 0 \quad F_{YCD} \times 2a - F \times 3a = 0$$

$$F_{YCD} = 1.5F \quad F_{XCD} = 0.5\sqrt{3}F \quad F_{NCD} = \sqrt{3}F$$

（2）计算 *CD* 杆的变形量。

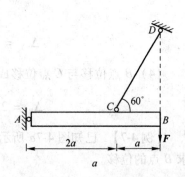

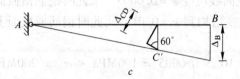

$$\Delta l_{CD} = \frac{\sqrt{3}F \times 2a}{EA} = \frac{2\sqrt{3}Fa}{EA}$$

（3）画出 C 点位移图（图 4-8c）（这里 AB 为刚性杆，只能绕 A 点转动）。

$$\Delta_{CY} = \Delta l_{CD} \times \frac{2}{\sqrt{3}} = \frac{2\sqrt{3}Fa}{EA} \times \frac{2}{\sqrt{3}} = \frac{4Fa}{EA}$$

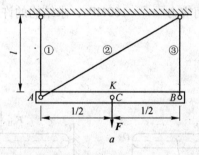

图 4-8

（4）B 点位移与 C 点位移成比例，则

$$\Delta_B = \frac{3}{2}\Delta_{CY} = \frac{3}{2} \times \frac{4Fa}{EA} = \frac{6Fa}{EA}(\downarrow)$$

【例 4-9】　图 4-9a 所示结构中 AB 杆为刚性，杆①、②、③的材料和横截面积相同。在 AB 杆的中点 C 作用一铅垂向下的荷载 F，试求 C 点的水平位移和铅垂位移。

解：（1）画出刚性杆 AB 的受力图（图 4-9b）。

$$\sum M(A) = 0 \quad F_{N3} \times l - F \times \frac{l}{2} = 0 \quad F_{N3} = \frac{F}{2}$$

$$\sum M(D) = 0 \quad F_{N1} \times l - F \times \frac{l}{2} = 0 \quad F_{N1} = \frac{F}{2}$$

$$\sum Y = 0 \quad F_{N2} = 0$$

（2）C 点位移（图 4-9c）：

$$\Delta_{Cx} = \Delta_{Cy} = \Delta l_1 = \Delta l_3 = \frac{Fl}{2EA}$$

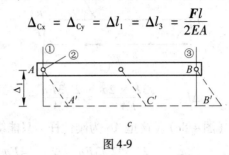

图 4-9

【例 4-10】　一根钢筋试件，其弹性模量 $E = 2.0 \times 10^5$ MPa，比例极限 $\sigma_p = 200$ MPa；在轴向拉力 F 作用下，纵向线应变 $\varepsilon = 0.0005$。求此时钢筋横截面的正应力。如果加大拉力 F，使试件的纵向线应变增加到 $\varepsilon = 0.01$，问此时钢筋横截面上的正应力能否由胡克定律确定，为什么？

解： $\sigma = E\varepsilon = 2.0 \times 10^5 \times 0.0005 = 100$ MPa $< \sigma_p = 200$ MPa

按照胡克定律，该材料的最大线应变为 $\varepsilon_{max} = \dfrac{\sigma}{E} = \dfrac{200}{200000} = 0.001 < 0.01$，已经不在线弹性范围内，此时不能通过胡克定律确定正应力。

【例 4-11】　一杆系受荷载如图 4-10a 所示，水平杆 CD 刚度较大，可不计变形。AB 杆为钢杆，直径 $d = 30$ mm，$l = 1$ m。若加载后 AB 杆上的球铰式引伸仪读数增量为 120 格（每格代表 1/2000 mm），变形仪标距 $S = 100$ mm，AB 杆材料的弹性模量 $E = 2.0 \times 10^5$ MPa。试求：

（1）此时 F 的大小；

（2）若 AB 杆材料的许用应力 $[\sigma] = 160$ MPa，求结构的许用荷载 $[F]$ 及此时 D 点的位移。

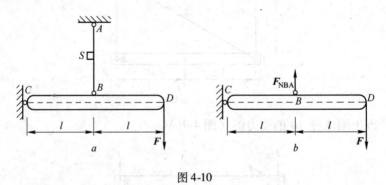

图 4-10

解：（1）根据已知条件先求出 AB 杆的轴力（受力如图 4-10b 所示）。

$$\Delta l = 120 \times 1/2000 = \frac{3}{50} \text{mm} \qquad \varepsilon = \frac{\Delta l}{l} = \frac{3}{50 \times 100} = \frac{3}{5000}$$

$$\sigma = E\varepsilon = 2.0 \times 10^5 \times \frac{3}{5000} = 120 \text{MPa}$$

$$F_{NAB} = \sigma A = 120 \times \frac{\pi}{4} \times 30^2 = 84.8 \text{kN}$$

利用平衡方程 $\Sigma M(C) = 0$　$F_{NAB} \times l - F \times 2l = 0$　$F = \dfrac{F_{NAB}}{2} = 42.4\text{kN}$

（2）按照强度条件，计算 B 点位移即 AB 杆的变形量。

$$F_{NAB} = [\sigma]A = 160 \times \frac{\pi}{4} \times 30^2 = 113.1\text{kN}　F = \frac{1}{2}F_{NAB} = 56.6\text{kN}$$

$$\Delta_B = \Delta l_{AB} = \frac{113.1 \times 10^3 \times 1000}{2 \times 10^5 \times \dfrac{\pi}{4} \times 30^2} = 0.8\text{mm}$$

根据 D 点和 B 点的位移关系，计算

$$\Delta_D = 2\Delta_B = 1.6\text{mm}。$$

【例 4-12】　一悬臂吊车如图 4-11a 所示。已知斜杆 AB 用两根不等边角钢（2∟63 × 40 ×4）组成。如钢的许用应力 $[\sigma] = 170\text{MPa}$，问当匀速起吊重物 $W = 10\text{kN}$ 时，斜杆 AB 是否满足强度条件？

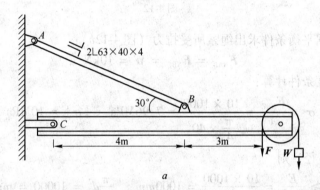

a

解：（1）CD 杆受力图如图 4-11b 所示。

$$\sigma = \frac{F_{NBC}}{A} = \frac{105 \times 10^3}{4.058 \times 2 \times 100} = 129.4\text{MPa} < [\sigma] = 170\text{MPa}$$

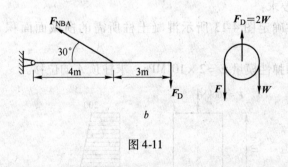

b

图 4-11

首先，计算 AB 杆的轴力。

$$F_D = 20\text{kN},\ \Sigma M(C) = 0, F_{YBC} \times 4 - 20 \times 7 = 0,\ F_{YBC} = 35\text{kN}$$

$$F_{NBC} = 2F_{YBC} = 105\text{kN},\ F_{NBC} = 2F_{YBC} = 70\text{kN}$$

（2）根据强度条件计算：

$$\sigma = \frac{F_{YBC}}{A} = \frac{70 \times 10^3}{4.058 \times 2 \times 100} = 8.625\text{MPa} < 170\text{MPa}$$

满足强度条件。

【例4-13】　用绳索起吊钢筋混凝土管子，如图 4-12a 所示。若管子重 $W = 10kN$，绳索的直径 $d = 40mm$，许用应力 $[\sigma] = 10MPa$，试校核该绳索的强度。向绳索的直径 d 应为多大更经济？

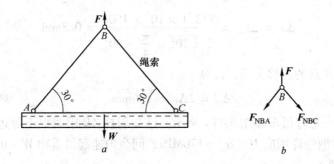

图 4-12

解：（1）根据平衡条件求出绳索所受拉力（图 4-12b）：

$$F_{NAB} = F_{NBC} = W = 10kN$$

（2）根据强度条件计算：

$$\sigma = \frac{F_{NBC}}{A} = \frac{10 \times 1000}{\frac{\pi}{4} \times 40^2} = 7.96MPa < [\sigma] = 10MPa$$

求更经济的直径，则

$$A \geqslant \frac{E}{[\sigma]} = \frac{10 \times 1000}{10} = 1000mm^2 \quad \frac{\pi}{4}d^2 = 10000 = mm^2$$

$d \geqslant 35.69mm$，取更经济的直径为 36mm。

【例4-14】　已知混凝土密度 $\rho = 2245kg/m^3$，许用应力 $[\sigma] = 10MPa$。基础的许用应力为 $[\sigma] = 2MPa$。要求：

（1）按强度条件确定图 4-13 所示混凝土柱所需的横截面面积 A_1（上段）和 A_2（下段）；

（2）如混凝土的弹性模量 $E = 2 \times 10^4 MPa$，求柱顶 A 的位移。

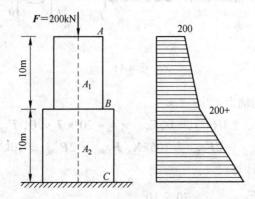

图 4-13

解：（1）对上段柱，根据强度条件计算

$$\sigma = \frac{N}{A_1} = \frac{F + \rho A_1 \times l \times g}{A_1} \leqslant [\sigma]$$

则上段横截面面积为：

$$A_1 \geqslant \frac{F}{[\sigma] - \rho \times l \times g} = \frac{200000}{10 \times 10^6 - 2245 \times 10 \times 9.8} = 0.0204 \mathrm{m}^2$$

如取上段柱面积为 0.0204，则根据强度条件计算

$$\sigma = \frac{N}{A_2} = \frac{F^* + \rho A_1 \times l \times g + \rho A_2 \times l \times g}{A_2} \leqslant [\sigma]$$

$$A_2 \geqslant \frac{F + \rho \times A_1 \times l \times g}{[\sigma] - \rho \times l \times g} = \frac{200000 + 2245 \times 0.0204 \times 10 \times 9.8}{2 \times 10^6 - 2245 \times 10 \times 9.8} = 0.1149 \mathrm{m}^2$$

（2）如混凝土的弹性模量 $E = 2 \times 10^4 \mathrm{MPa}$，求柱顶 A 的位移。

根据胡克定律，A 点的位移由三部分构成：外荷载 F 引起的位移；上柱自重和下柱自重分别引起的位移。

$$\Delta l_1 = \frac{F l_1}{E A_1} + \frac{F l_2}{E A_2} = \frac{200 \times 10^3 \times 10 \times 10^3}{2 \times 10^4 \times 0.0204 \times 10^6} + \frac{200 \times 10^3 \times 10 \times 10^3}{2 \times 10^4 \times 0.115 \times 10^6} = 5.77 \mathrm{mm}$$

自重引起自身的位移为

$$\Delta l_2 = \sum \int_l \frac{N(x) \mathrm{d}x}{EA} = \sum \int_0^l \frac{\rho g x A}{EA} \mathrm{d}x = \sum \frac{\rho g l^2}{2E} = \frac{\rho g l^2}{E} = 0.06 \mathrm{mm}$$

上柱自重引起的下柱位移为

$$\Delta l_3 = \frac{G_1 l_2}{E A_2} = \frac{\rho A_1 g l_1 l_2}{E A_2} = \frac{2245 \times 9.8 \times 0.0204 \times 10 \times 10 \times 10^3}{2 \times 10^4 \times 10^6 \times 0.115} = 0.02 \mathrm{mm}$$

总的位移为：

$$\Delta l = \Delta l_1 + \Delta l_2 + \Delta l_3 = 5.77 + 0.055 + 0.020 = 5.85 \mathrm{mm}$$

【例 4-15】 悬挂重物的构架如图 4-14a 所示，钢杆 AB 直径 $d_1 = 30\mathrm{mm}$，材料的 $\sigma_p = 200\mathrm{MPa}$，$\sigma_s = 240\mathrm{MPa}$，$\sigma_b = 400\mathrm{MPa}$。铸铁件 BC 直径 $d_2 = 40\mathrm{mm}$，材料的 $\sigma_b = 400\mathrm{MPa}$，

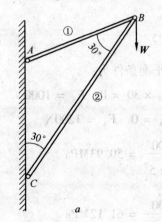
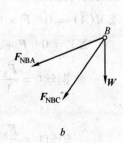

图 4-14

$\sigma_{b拉} = 100\text{MPa}$ 安全系数：拉杆 $n = 2$，压杆 $n = 4$。试问：该构架的最大悬吊重 $[W]$ 为多大？

解：（1）先求解各杆件所受轴力（如图 4-14b 所示），根据平衡条件计算

$$\Sigma X = 0 \quad F_{NBA} \times \cos 30° + F_{NBC} \times \cos 60° = 0 \quad F_{NBC} = -\sqrt{3} F_{NBA}$$

$$\Sigma Y = 0 \quad F_{NBC} \times \sin 60° + F_{NBA} \times \sin 30° + W = 0$$

$$F_{NBA} = W \quad F_{NBC} = -\sqrt{3} W$$

（2）根据结果，AB 为拉杆，BC 为压杆。则根据强度条件计算

$$F_{NBA} = W \leqslant [\sigma]A = \frac{\sigma_s}{n} \times A = \frac{240}{2} \times \frac{\pi}{4} \times 30^2 = 84.82\text{kN}$$

$$F_{NBA} = W \quad F_{NBC} = \sqrt{3} W \leqslant [\sigma]A = \frac{\sigma_b}{n} \times A = \frac{400}{4} \times \frac{\pi}{4} \times 40^2 = 125.66\text{kN}$$

$$W \leqslant 72.55\text{kN}$$

综上所述，取 $[W] = 72.6\text{kN}$。

【例 4-16】　图 4-15a 所示铜丝与销钉的直径均为 $d = 5\text{mm}$，当加力 $F = 200\text{N}$ 时，求铜丝与销钉横截面上的平均切应力。已知 $a = 30\text{mm}$，$b = 150\text{mm}$。

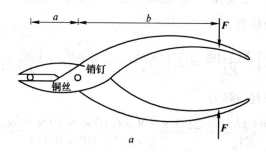

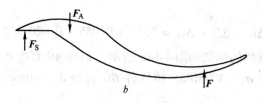

图 4-15

解：该剪刀一股的受力如图 4-15b 所示，平衡条件为：

$$\Sigma M(A) = 0 \quad F \times 150 - F_S \times 30 = 0 \quad F_S = 1000\text{N}$$

$$\Sigma Y = 0 \quad F + F_S - F_A = 0 \quad F_A = 1200\text{N}$$

则
$$铜丝\tau = \frac{F_S}{A} = \frac{1000}{\frac{\pi}{4} \times 5^2} = 50.93\text{MPa}$$

$$销钉\tau = \frac{F_S}{A} = \frac{1200}{\frac{\pi}{4} \times 5^2} = 61.12\text{MPa}$$

【例 4-17】 两块厚度为 10mm 的钢板，用两个直径为 17mm 的铆钉搭接在一起（见图 4-16a），钢板受拉力 $F = 60$kN。已知：$[\tau] = 140$MPa，$[\sigma_c] = 280$MPa，$[\sigma] = 160$MPa。试校核铆接件的强度。

解：每个剪切面上的剪力为 $F/2$。

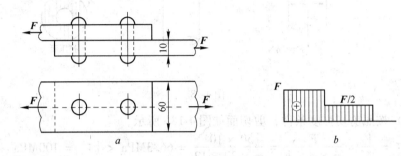

图 4-16

（1）销钉剪切强度为：

$$\tau = \frac{F}{2A} = \frac{60 \times 10^3}{2 \times \frac{\pi}{4} \times 17^2} = 132.17\text{MPa} < [\tau] = 140\text{MPa}$$

（2）挤压强度为：

$$\sigma_c = \frac{F_c}{A_c} = \frac{60 \times 10^3}{2 \times 10 \times 17} = 176.47\text{MPa} < [\sigma_c] = 280\text{MPa}$$

（3）钢板的强度为：

$$\sigma = \frac{F}{A} = \frac{60 \times 10^3}{60 \times 10 - 17 \times 10} = 139.54\text{MPa} < [\sigma] = 160\text{MPa}$$

满足强度条件。

【例 4-18】 图 4-17 所示为起重机吊具，起吊物重 F。已知 $F = 20$kN，板厚 $t_1 = 10$mm，$t_2 = 6$mm，销钉与板的材料相同，许用应力 $[\tau] = 60$MPa，$[\sigma_c] = 200$MPa。试设计销钉直径。

解：每个剪切面上的剪力为 $F/2$。

（1）根据销钉的强度条件计算：

$$A = \frac{\pi}{4}d^2 \geq \frac{F}{2[\tau]} = \frac{20 \times 10^3}{2 \times 60} = 166.67\text{mm}^2 \quad d \geq 14.6\text{mm}$$

（2）根据挤压强度条件计算：

$$A_c = t_1 d \geq \frac{F_c}{[\sigma_c]} = \frac{20 \times 10^3}{200} = 100\text{mm} \quad d \geq 10\text{mm}（因为 2t_2 > t_1）$$

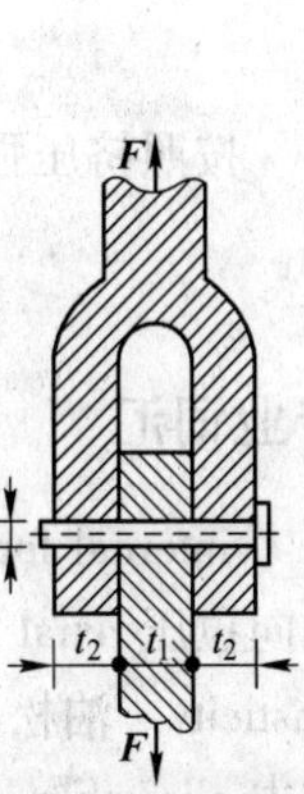

图 4-17

则销钉直径为 14.6mm。

【例 4-19】 试校核如图 4-18a 所示拉杆头部的剪切强度和挤压强度。已知 $F = 50$kN，图中尺寸为 $D = 32$mm，$d = 20$mm 和 $h = 12$mm，杆的许用应力 $[\tau] = 100$MPa，$[\sigma_c] = 240$MPa。

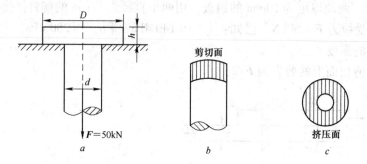

图 4-18

解：（1）按照剪切强度条件，剪切面如图 4-18b 所示。

$$\tau = \frac{V}{A} = \frac{F}{\pi \times d \times h} = \frac{50 \times 10^3}{\pi \times 20 \times 12} = 66.3\mathrm{MPa} < [\tau] = 100\mathrm{MPa}$$

（2）按照挤压强度条件，挤压面如图 4-18c 所示。

$$\sigma_\mathrm{c} = \frac{F_\mathrm{c}}{A_\mathrm{c}} = \frac{F}{(D^2 - d^2)\pi/4} = \frac{50 \times 10^3 \times 4}{(32^2 - 20^2) \times \pi} = 102\mathrm{MPa} < [\sigma_\mathrm{c}] = 240\mathrm{MPa}$$

【例 4-20】 矩形截面木拉杆的接头如图 4-19 所示。已知轴向拉力 $F = 50\mathrm{kN}$，截面宽度 $b = 250\mathrm{mm}$，木材的顺纹许用挤压应力 $[\sigma_\mathrm{c}] = 10\mathrm{MPa}$，顺纹的许用切应力为 $[\tau] = 1\mathrm{MPa}$，求接头处所需的尺寸 l 和 a。

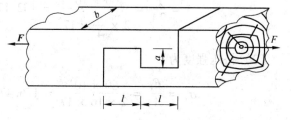

图 4-19

解：作用在接头上的剪力为 F，剪切面为 bl；作用在接头的挤压力和挤压面积分别为 F 和 ab。则根据剪切强度条件计算：

$$A \geqslant \frac{F}{[\tau]} = \frac{50 \times 10^3}{1} = 50000\mathrm{mm}^2 = bl \quad l \geqslant 200\mathrm{mm}$$

按照挤压强度条件计算：

$$A_\mathrm{c} \geqslant \frac{F_\mathrm{c}}{[\sigma_\mathrm{c}]} = \frac{50 \times 10^3}{10} = 5000\mathrm{mm}^2 = ba \quad a \geqslant 20\mathrm{mm}$$

专业词汇

内力 internal force　　轴力 axial force　　应力 stress　　应变 strain　　截面法 method of section
轴向拉压 axial tension and compression　　胡克定律 Hooke's Law　　弹性模量 modulus of
elasticity　　泊松比 Posson's ratio　　比例极限 proportional limit　　屈服极限 yield limit　　许用
应力 allowable stress　　剪切 shear　　挤压 bearing

专项训练 4

一、单选题（每题 2 分，共 14 分）

1. 变截面杆 AD 受力如图 4-20 所示，设 F_{NAB}、F_{NBC}、F_{NCD} 分别为该杆 AB 段、BC 段和 CD 段的轴力，则下列结论中正确的是（　　　）。

A. $F_{NAB} > F_{NBC} > F_{NCD}$　　　　B. $F_{NAB} = F_{NBC} = F_{NCD}$

C. $F_{NAB} = F_{NBC} > F_{NCD}$　　　　D. $F_{NAB} < F_{NBC} = F_{NCD}$

2. 图 4-21 所示桁架中，$\alpha = 30°$，竖杆和水平杆的横截面面积为 A，斜杆的横截面面积为 $1.5A$，若各杆的材料相同，许用应力均为 $[\sigma]$，则结构的许可荷载为（　　）。

A. $A[\sigma]$　　　B. $\dfrac{3}{4}A[\sigma]$　　　C. $\dfrac{\sqrt{3}}{3}A[\sigma]$　　　D. $\dfrac{\sqrt{3}}{4}A[\sigma]$

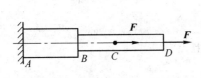

图 4-20

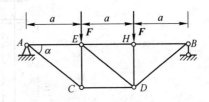

图 4-21

3. 图 4-22 所示结构中，杆①和杆②的横截面面积均为 A，许用拉应力均为 $[\sigma_1]$，许用压应力 $[\sigma_y] = 0.5[\sigma_1]$。设 F_{N1} 和 F_{N2} 分别表示两杆的轴力，则下列结构中错误的是（　　）。

A. $F_{N1} = -0.5F$（压），$F_{N2} = 1.5F$（拉）　　　B. $F_{N1} \le [\sigma_y]A$，$F_{N2} \le [\sigma_1]A$

C. 最大许用荷载 $F_{max} = 2[\sigma_y]A$　　　D. 最大许用荷载 $F_{max} = \dfrac{2}{3}[\sigma_1]A$

4. 图 4-23 所示桁架中，两杆横截面积均为 A，弹性模量均为 E。杆 AB 和 CB 的变形分别为（　　）。

A. $\dfrac{Fl}{EA}, 0$　　　B. $0, \dfrac{Fl}{EA}$　　　C. $\dfrac{Fl}{2EA}, \dfrac{Fl}{\sqrt{3}EA}$　　　D. $\dfrac{Fl}{EA}, \dfrac{3Fl}{2EA}$

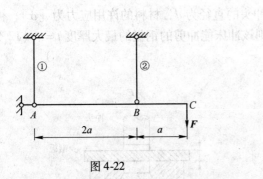

图 4-22

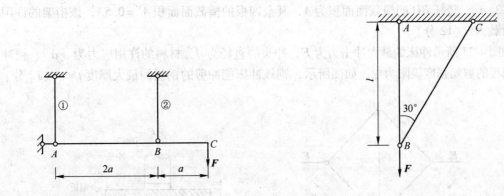

图 4-23

5. 矩形截面的拉伸试件如图 4-24 所示，横截面尺寸为 $40mm \times 5mm$，当 45°斜面上的切应力 $\tau_{45°} = 150MPa$ 时，试件表面出现滑移线，这时试件所受轴向力 F 的值为（　　）。

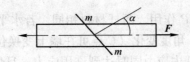

图 4-24

A. 150kN　　　　　B. 120kN　　　　　C. 60kN　　　　　D. 10kN

6. 电线杆用钢缆固定，如图 4-25 所示，钢缆的横截面面积 $A = 100\text{mm}^2$，弹性模量 $E = 200\text{GPa}$。为使钢缆中的张力达到 100kN，则张紧器螺杆紧缩的位移量为（　　）mm。

　　A. 6.67　　　　　B. 5.78　　　　　C. 5.0　　　　　D. 4.82

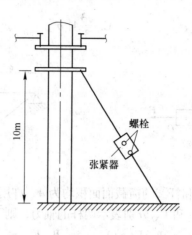

图 4-25

7. 两根直杆的长度和横截面面积均相同（轴向沿水平方向），两端所受的轴向外力也相同，其中一根为钢杆，一根为木杆。则两杆的（　　）。

　　A. 内力不同　　　B. 应力不同　　　C. 强度相同　　　D. 变形不同

二、计算题

1. 正方形桁架如图 4-26 所示，各杆材料相同，许用拉应力为 $[\sigma]$。许用压应力 $[\sigma_c] = 1.2[\sigma]$，竖杆 BD 的横截面面积为 A，其余四根的横截面面积 $A' = 0.5A$，该桁架的许用荷载为？（12 分）

2. 如图 4-27 所示冲床的最大冲击力为 F，冲头的直径为 d，材料的许用应力为 $[\sigma]$，被冲钢板的剪切强度极限为 τ_b，如图所示，则该冲床能冲剪的钢板的最大厚度 $t = ?$（12 分）

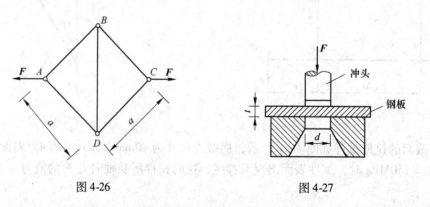

图 4-26　　　　　　　　　　　　　　　　　图 4-27

3. 图 4-28 所示构架受竖向力 P 作用，两杆材料相同。若水平杆 AB 长度及位置都保持不变，而 BC 杆的长度可随 α 角度变化（C 点可在墙上变换位置）。已知材料拉伸和压缩的许用应力相同，求当两杆内应力同时达到许用应力，且使结构用料最省时的角度 α。（12 分）

4. 如图 4-29 所示刚性杆 AB 用杆 1 和杆 2 悬挂于水平位置，杆 1 和杆 2 由同一材料制成。已知 $F = 50\mathrm{kN}$，材料的许用应力 $[\sigma] = 160\mathrm{MPa}$，弹性模量 $E = 200\mathrm{GPa}$。（12 分）

（1）按强度条件求两杆所需的横截面面积；

（2）如要求刚性杆 AB 保持水平，此两杆的横截面面积应为多少？

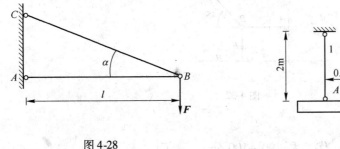

图 4-28

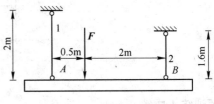

图 4-29

5. 某柱尺寸如图 4-30 所示。轴向压力 $F = 50\mathrm{kN}$，如不计自重，试求柱的变形。$E = 200\mathrm{GPa}$。（12 分）

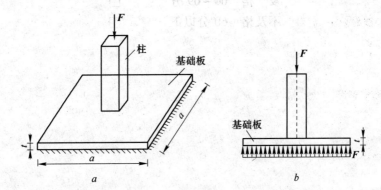

图 4-30

6. 图 4-31 所示一承受拉力的普通螺栓连接接头，$F = 100\mathrm{kN}$，钢板厚度 $t = 8\mathrm{mm}$，宽 $b = 10\mathrm{mm}$，螺栓直径 $16\mathrm{mm}$。板与螺栓的材料相同，许用应力 $[\tau] = 140\mathrm{MPa}$，$[\sigma_e] = 330\mathrm{MPa}$，$[\sigma] = 170\mathrm{MPa}$。试校核该接头的强度。（13 分）

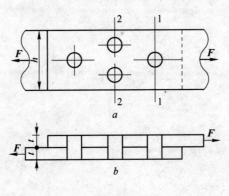

图 4-31

7. 如图 4-32 所示结构，杆 AB 和杆 BC 的抗拉刚度 EA 相同，在结点 B 处承受集中荷载 F，试求结点 B 的水平位移 Δ_H 及铅垂位移 Δ_V。（13 分）

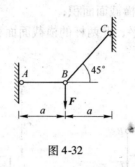

图 4-32

专项训练 4 成绩：

优　秀	90~100 分	□
良　好	80~89 分	□
中　等	70~79 分	□
及　格	60~69 分	□
不及格	60 分以下	□

5 扭 转

学习指导

【本章知识结构】

知识模块	知识点	掌握程度
圆轴扭转	扭矩和扭矩图的绘制	掌握
	扭转切应力、扭转角及强度、刚度计算	掌握
	纯剪切概念、剪切胡克定律、切应力互等定理	掌握
非圆截面杆扭转	非圆截面杆扭转的概念，薄壁杆件的自由扭转	了解

【本章能力训练要点】

能力训练要点	应用方向
圆轴扭转强度、刚度条件	验算扭转强度和刚度

5.1 扭转相关概念与扭矩图的绘制

5.1.1 扭转概述

（1）扭转：杆件在一对大小相等、方向相反、作用平面垂直于杆件轴线的外力偶矩 T 的作用下，杆件任意两截面绕杆的轴线发生相对转动，这种基本变形称为扭转变形。

（2）轴：以扭转为主要变形的圆截面杆。

（3）扭转的特征：

1）构件特征：等截面轴；

2）受力特征：外力偶矩作用面与杆件轴线垂直；

3）变形特征：杆件各横截面绕杆轴做相对运动。

5.1.2 外力偶矩 T 与内力扭矩 M_T

（1）外力偶矩与传动轴的转速、传递的功率之间的关系：

$$T = 9.55 \frac{N_k}{n} \quad (kN \cdot m) \tag{5-1}$$

（2）扭矩：杆件受外力偶矩作用发生扭转变形时，横截面的内力称为扭矩，用 M_T 表示。

（3）扭矩正、负号的规定：按照右手螺旋法则，大拇指的指向背离截面的为正，指向截面的为负。

（4）扭矩图：表示圆轴各横截面上的扭矩沿杆轴线方向变化规律的图线。

（5）扭矩图的画法：横坐标平行于杆的轴线，表示圆杆各横截面的相应位置，纵坐标表示该横截面的扭矩的大小。正值画在横坐标的上方，负值画在其下方。

5.2　扭转应力、变形及强度、刚度计算

5.2.1　横截面上的应力

圆杆横截面上任一点的切应力大小与该点到圆心的距离成正比，方向与过该点的半径相垂直。其计算公式为

$$\tau = \frac{M_T \rho}{I_p} \tag{5-2}$$

$$\tau_{max} = \frac{M_T R}{I_p} \tag{5-3}$$

或

$$\tau_{max} = \frac{M_T}{W_T} \tag{5-4}$$

5.2.2　相应的几何性质

（1）极惯性矩：

实心圆截面　$I_p = \dfrac{\pi D^4}{32}$　　　空心圆截面　$I_p = \dfrac{\pi(D^4 - d^4)}{32}$

（2）抗扭截面模量：

实心圆截面　$W_P = \dfrac{\pi D^3}{16}$　　　空心圆截面　$W_P = \dfrac{\pi D^3(1 - a^4)}{16} a = \dfrac{D}{d}$

5.2.3　圆杆扭转的变形

（1）小变形时，圆杆任意两截面间仅产生相对角位移，称为相对扭转角，其计算公式为

$$\phi = \frac{M_T l}{GI_p} \tag{5-5}$$

（2）单位长度扭转角为

$$\theta = \frac{\phi}{l} = \frac{M_T}{GI_p} \tag{5-6}$$

式中，G 为切变模量；GI_p 为抗扭刚度。

5.2.4　各向同性材料三个弹性常数间的关系式

$$G = \frac{E}{2(1 + \mu)} \tag{5-7}$$

5.2.5 圆杆扭转时的强度与刚度条件

（1）圆杆强度条件为

$$\tau_{max} \leqslant [\tau] \tag{5-8}$$

对等直圆杆强度条件

$$\tau_{max} = \frac{|M_T|}{W_T} \leqslant [\tau] \tag{5-9}$$

（2）圆杆扭转强度计算的三类问题：

1）强度校核：$\tau_{max} = \dfrac{|M_T|}{W_T} \leqslant [\tau]$

2）截面设计：$W_T \geqslant \dfrac{M_T}{[\tau]}$

3）许用荷载计算：$M_T \leqslant W_T[\tau]$

（3）圆杆扭转时的刚度条件：

$$\theta_{max} \leqslant [\theta] \tag{5-10}$$

对等直杆，刚度条件为

$$\theta_{max} = \frac{|M_T|_{max}}{GI_p} \leqslant [\theta] \tag{5-11}$$

其单位为 rad/m。工程中单位习惯用"度/m"（°/m），则刚度条件为

$$\theta_{max} = \frac{|M_T|_{max}}{GI_p} \times \frac{180°}{\pi} \leqslant [\theta] \tag{5-12}$$

5.2.6 矩形截面等直杆在自由扭转时的应力和变形

（1）切应力分布规律：截面周边上各点的切应力方向必与周边相切，其流向与内力扭矩方向同；截面四个角点处切应力为零，截面上最大切应力位于长边中点。

（2）横截面上最大切应力为：

$$\tau_{max} = \frac{M_T}{W_T} \qquad W_T = \alpha h b^2 \tag{5-13}$$

（3）相对扭转角为：

$$\phi = \frac{M_T l}{GI_T} \qquad I_T = \beta h b^3 \tag{5-14}$$

5.3 例 题 详 解

【例 5-1】 求指定截面内力，并画扭矩图。

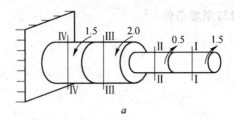

a

解：求 Ⅰ—Ⅰ 截面内力，取右侧脱离体（受力如图 5-1b 所示），平衡方程为：

$$\Sigma M = 0 \quad 1.5 + M_{T1} = 0 \quad M_{T1} = -1.5 \text{kN}$$

求 Ⅱ—Ⅱ 截面内力，取右侧脱离体（受力如图 5-1c 所示），平衡方程为：

$$\Sigma M = 0 \quad 1.5 + 0.5 + M_{T2} = 0 \quad M_{T2} = -2 \text{kN}$$

求 Ⅲ—Ⅲ 截面内力，取右侧脱离体（受力如图 5-1d 所示），平衡方程为：

$$\Sigma M = 0 \quad 1.5 + 0.5 - 2 + M_{T3} = 0 \quad M_{T3} = 0$$

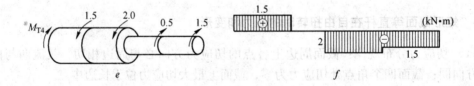

求 Ⅳ—Ⅳ 截面内力，取右侧脱离体（受力如图 5-1e 所示），平衡方程为：

$$\Sigma M = 0 \quad 1.5 + 0.5 - 2 - 1.5 + M_{T4} = 0 \quad M_{T4} = 1.5 \text{kN}$$

作扭矩图，如图 5-1f 所示。

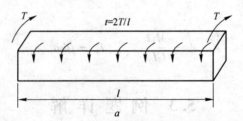

图 5-1

【**例 5-2**】　试作图 5-2a 所示结构的扭矩图。

a

解：在 x 位置作截面 Ⅰ—Ⅰ，取左侧脱离体（受力如图 5-2b 所示），平衡方程为：

$$\Sigma M = 0 \quad T - t_x - M_{Tx} = 0 \quad M_{Tx} = T - t_x$$

作扭矩图，如图 5-2c 所示。

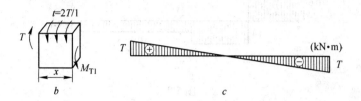

图 5-2

【例 5-3】 钢制圆轴上作用有 4 个外力偶，其矩 $T_1 = 0.6\text{kN} \cdot \text{m}$，$T_3 = 1\text{kN} \cdot \text{m}$，$T_2 = 0.2\text{kN} \cdot \text{m}$，$T_4 = 0.2\text{kN} \cdot \text{m}$。

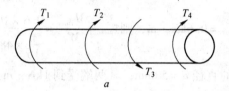

（1）试作轴的扭矩图。

解： 在 1 与 2 之间作 Ⅰ—Ⅰ 截面，取左侧脱离体（受力如图 5-3b 所示），平衡方程为：

$$\Sigma M = 0 \quad T_1 - M_{T1} = 0 \quad M_{T1} = T_1 = 0.6\text{kN}$$

在 2 与 3 之间作 Ⅱ—Ⅱ 截面，取左侧脱离体（受力如图 5-3c 所示），平衡方程为：

$$\Sigma M = 0 \quad T_1 + T_2 - M_{T2} = 0 \quad M_{T2} = T_1 + T_2 = 0.8\text{kN}$$

在 3 与 4 之间作 Ⅲ—Ⅲ 截面，取右侧脱离体（受力如图 5-3d 所示），平衡方程为：

$$\Sigma M = 0 \quad T_4 + M_{T3} = 0 \quad M_{T3} = -T_4 = -0.2\text{kN}$$

作扭矩图，如图 5-3e 所示。

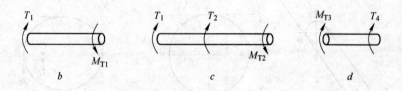

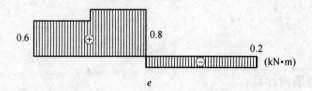

（2）为减小截面内的扭矩值，将 T_3 和 T_2 的作用位置互换，作该轴的扭矩图。

解：所有步骤均同（1）一样，最后所得扭矩图如图 5-3f 所示。

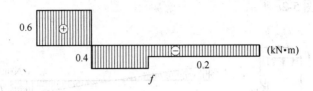

图 5-3

（3）若圆轴直径 $d = 48$mm，计算两种情况下的最大切应力值。

解：对（1）的情况，$M_{Tmax} = 0.8$kN·m，则 $\tau_{max} = \dfrac{M_{Tmax}}{W_T} = \dfrac{0.8 \times 10^6}{\dfrac{\pi}{16} \times 48^3} = 36.84$MPa

对（2）的情况，$M_{Tmax} = 0.6$kN·m，则 $\tau_{max} = \dfrac{M_{Tmax}}{W_T} = \dfrac{0.6 \times 10^6}{\dfrac{\pi}{16} \times 48^3} = 27.63$MPa

【例 5-4】　实心圆轴的直径 $d = 50$mm，其两端受到 1kN·m 外力偶的作用，材料的切变模量为 8×10^4MPa。求：

（1）横截面上 A、B、C 三点切应力的大小和方向；

（2）B、C 两点的切应变。

解：（1）根据扭转切应力公式，$\tau = \dfrac{M_T \rho}{I_p}$，则

$$\tau_A = \tau_B = \dfrac{M_T \rho}{I_p} = \dfrac{1 \times 10^6 \times 25}{\dfrac{\pi}{32} \times 50^4} = 40.7\text{MPa}, \tau_C = \dfrac{M_T \rho}{I_p} = \dfrac{1 \times 10^6 \times 25/2}{\dfrac{\pi}{32} \times 50^4} = 20.37\text{MPa},$$

方向如图 5-4b 所示。

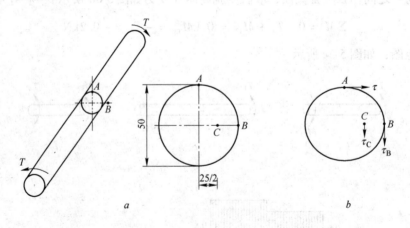

图 5-4

（2）在弹性范围内计算：

$$\gamma_B = \dfrac{\tau_B}{G} = \dfrac{40.7}{8 \times 10^4} = 5.09 \times 10^{-4}, \gamma_C = \dfrac{\tau_C}{G} = \dfrac{20.37}{8 \times 10^4} = 2.55 \times 10^{-4}$$

【例5-5】 为了使实心圆轴的质量减轻20%，用外径为内径2倍的空心圆轴代替。如实心圆轴内最大切应力等于60MPa，则在空心轴内最大切应力等于多少？

解：根据题意，空心圆轴质量是实心圆轴质量的80%，则

$$0.8 \times \frac{\pi}{4}D_1^2 = \frac{\pi}{4}D_2^2(1 - \alpha^2) \qquad D_2 = 1.033D_1$$

实心圆轴的最大切应力为：

$$\tau_{s_{max}} = \frac{M_T}{W_T} = \frac{M_T}{\frac{\pi}{16} \times D_1^3} = 60\text{MPa}$$

空心圆轴的内外径之比为 $\alpha = \dfrac{d}{D_2} = 0.5$，则空心轴的最大切应力为：

$$\tau_{k_{max}} = \frac{M_T}{W_T} = \frac{M_T}{\frac{\pi}{16} \times D_2^3(1 - \alpha^4)}$$

$$\tau_{s_{max}} : \tau_{k_{max}} = \frac{M_T}{\frac{\pi}{16} \times D_1^3} : \frac{M_T}{\frac{\pi}{16} \times D_2^3(1 - \alpha^4)} = \frac{D_2^3(1 - \alpha^4)}{D_1^3} = 1.033$$

则 $\qquad \tau_{k_{max}} = \tau_{s_{max}}/1.033 = 60/1.033 = 58.1\text{MPa}$

【例5-6】 实心圆轴的直径为50mm，转速为250r/min。若钢的许用切应力为 $[\tau] = 60$MPa，求此轴所传递的最大功率。

解：根据扭转强度条件，这是第三类问题，即确定许用荷载，在这里为确定传递的功率。

$$M_T \leqslant [\tau]W_T = 60 \times \frac{\pi \times 50^3}{16} = 1.472\text{kN} \cdot \text{m}$$

$$9.55\frac{N_k}{n} = T = M_T = 1.473\text{kN} \cdot \text{m} \qquad N_k = 38.56\text{kW}$$

【例5-7】 图5-5a 所示实心圆轴，已知轴的直径 $d = 76$mm，$T_1 = 4.5$kN · m，$T_2 = 2$kN · m，$T_3 = 1.5$kN · m，$T_4 = 1$kN · m。

（1）画出圆轴的扭矩图。

（2）设材料的 $G = 8 \times 10^4$MPa，$[\tau] = 60$MPa，要求 $[\theta] = 1.2°/$m。试校核该轴的强度与刚度。

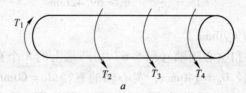

a

解：（1）该轴扭矩图如图5-5b 所示。

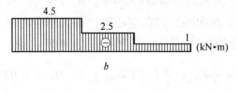

图 5-5

（2）从扭矩图可看出，全轴最大扭矩 $M_{Tmax} = 4.5kN \cdot m$。则强度条件为：

$$\tau_{max} = \frac{M_{Tmax}}{W_T} = \frac{4.5 \times 10^6}{\frac{\pi}{16} \times 76^3} = 52.21 < [\tau] = 60MPa$$

刚度条件为：

$$\theta_{max} = \frac{M_{Tmax}}{GI_P} \times \frac{180}{\pi} = \frac{4.5 \times 10^6}{8 \times 10^4 \times \frac{\pi \times 76^4}{32}} \times \frac{180}{\pi} \times 10^3 = 0.984°/m < [\theta] = 1.2°/m$$

【例 5-8】　已知实心轴的转速 $n = 1200r/min$，传递功率为 200kW，材料的 $[\tau] =$ 40MPa，$G = 8 \times 10^4 MPa$。若要求 2m 传递内的扭转角不超过 1°，求该轴直径。

解： 这是利用强度条件和刚度条件的第二类问题。

（1）首先外力偶矩为

$$T = 9.55 \frac{N_k}{n} = \frac{9.55 \times 200}{1200} = 1.592kN \cdot m$$

（2）根据强度条件确定所需直径

$$W_T \geqslant \frac{M_T}{[\tau]} = \frac{1.592 \times 10^6}{40} = 39800mm^3$$

$$W_T = \frac{\pi}{16}d^3 \quad d \geqslant 58.74mm$$

（3）根据刚度条件确定所需直径
许用变量 $[\theta] = 1/2 = 0.5°/m$

$$\theta_{max} = \frac{|M_T|_{max}}{GI_p} \times \frac{180°}{\pi} \leqslant [\theta]$$

则　$I_p \geqslant \frac{M_T}{G[\theta]} \times \frac{180°}{\pi} = \frac{1.592 \times 10^6 \times 10^3}{8 \times 10^4 \times 0.5} \times \frac{180°}{\pi} = 2280372mm^4$

$$I_p = \frac{\pi}{32}d^4 \quad d \geqslant 69.42mm$$

（4）综合以上，取 $d = 70mm$。

【例 5-9】　实心圆轴和空心圆轴（图 5-6）由凸缘上的 8 个直径 $d = 10mm$ 的螺栓连接，已知凸缘的平均直径 $D_0 = 140mm$，实心轴的直径 $d_1 = 60mm$，空心轴的直径 $D_2 =$ 80mm，$d_2 = 40mm$。轴与螺栓的材料相同，轴扭转时的许用切应力 $[\tau]_{扭} = 80MPa$，螺栓的许用切应力 $[\tau] = 100MPa$ 和许用挤压应力 $[\sigma_c] = 220MPa$。试确定该联轴所能传递的

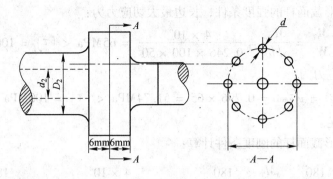

图 5-6

最大许用外力偶矩 $[T]$ 值。

解：（1）考虑扭转的强度问题。首先考虑实心轴的扭转

$$[T_1] \leqslant [\tau]W_{\text{T}} = 80 \times \frac{\pi \times 60^3}{16} = 3.393\text{kN} \cdot \text{m}$$

按照空心轴的扭转强度条件

$$[T_2] \leqslant [\tau]W_{\text{T}} = 80 \times \frac{\pi \times 80^3 \times (1 - 0.5^4)}{16} = 7.54\text{kN} \cdot \text{m}$$

（2）考虑螺栓连接的强度问题。共有 8 个螺栓，每个螺栓所受平均剪力为 V，按照剪切强度条件计算：

$$[V_3] \leqslant [\tau]A = 100 \times \frac{\pi \times 10^2}{4} = 7.854\text{kN} \quad T_3 \leqslant 8 \times 7.854 \times 0.14 = 8.8\text{kN} \cdot \text{m}$$

按照螺栓的挤压条件，每个螺栓的挤压力为：

$$[V_4] \leqslant [\sigma_{\text{c}}]A_{\text{c}} = 100 \times 12 \times 10 = 12\text{kN} \quad T_4 \leqslant 8 \times 12 \times 0.14 = 13.44\text{kN} \cdot \text{m}$$

（3）取所有 T 的最小值为 3.393kN·m。

【**例 5-10**】 图 5-7 所示矩形截面钢杆，在两端受外力偶 $T = 4$kN·m 的作用。已知材料的 $[\tau] = 100$MPa，$G = 8 \times 10^4$MPa，杆件的许用单位长度扭转角 $[\theta] = 1°/$m。求：

（1）杆内最大切应力的大小，位置，校核杆的强度；

（2）校核杆件的刚度。

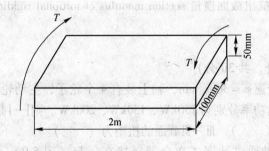

图 5-7

解：（1）由于 $\dfrac{h}{b} = \dfrac{100}{50} = 2$ 查表可得 $\alpha = 0.246$ $\beta = 0.229$ $\nu = 0.796$

（2）按照矩形截面杆的强度条件，长边最大切应力为：

$$\tau_{\max} = \frac{M_T}{W_T} = \frac{M_T}{\alpha h b^2} = \frac{4 \times 10^6}{0.246 \times 100 \times 50^2} = 65\text{MPa} < [\tau] = 100\text{MPa}$$

短边最大切应力为：

$$\tau' = \nu \tau_{\max} = 0.796 \times 65 = 51.74\text{MPa} < [\tau] = 100\text{MPa}$$

强度条件满足。

（3）按照矩形截面杆的刚度条件计算：

$$\theta = \frac{M_T}{GI_T} \times \frac{180}{\pi} = \frac{M_T}{G\beta h b^2} \times \frac{180}{\pi} = \frac{4 \times 10^6}{8 \times 10^4 \times 0.229 \times 100 \times 50^3} \times \frac{180}{\pi} \times 10^3$$

$$= 1°/\text{m} = [\theta] = 1°/\text{m}$$

刚度条件满足。

【例 5-11】　一正方形截面钢杆，杆的横截面上的扭矩为 $M_T = 8\text{kN} \cdot \text{m}$。设每米长度的扭转角不超过 $0.25°$，$G = 8 \times 10^4\text{MPa}$，求正方形截面的边长及切应力各为多少？

解：根据题意可由矩形截面杆的刚度条件确定其截面尺寸，再求出切应力。

（1）由于 $h/b = 1$，查表可得 $\alpha = 0.208$，$\beta = 0.141$。

（2）矩形截面杆的刚度条件为：

$$\theta = \frac{M_T}{GI_T} \times \frac{180}{\pi} \leqslant [\theta]$$

$$I_T \geqslant \frac{M_T}{G[\theta]} \times \frac{180}{\pi} = \frac{8 \times 10^6 \times 10^3}{8 \times 10^4 \times 0.25} \times \frac{180}{\pi} = 0.141 b^4$$

$$b \geqslant 113\text{mm}$$

（3）其最大切应力为：

$$\tau_{\max} = \frac{M_T}{W_T} = \frac{M_T}{\alpha h b^2} = \frac{8 \times 10^6}{0.208 \times 113^3} = 26.7\text{MPa}$$

专业词汇

扭转 tortion　　轴 shaft　　扭矩 torgue　　切变模量 shearing modulus of elasticity　　极惯性矩 polar moment of inertia　　抗扭截面模量 section modulus of tortional rigidity

专业训练 5

一、填空题（每空 5 分，共 30 分）

1. 如图 5-8 传动轴的转速 $n = 300\text{r/min}$，轴上装有 4 个轮子，主动轮 3 输入功率为 500kW，从动轮 1、2、4 输出功率分别为 150kW、150kW、200kW。则 I—I 截面的扭矩为（　　），II—II 截面的扭矩为（　　），III—III 截面的扭矩为（　　）。

2. 实心圆轴和空心圆轴通过牙嵌式离合器链接在一起（图 5-9），已知轴传递的功率为 7.5kW，转速 $n = 100\text{r/min}$。材料的许用切应力 $[\tau] = 40\text{MPa}$，则实心轴直径 d_1 最小为（　　）。当采用内外径之比为 $\alpha = d_2/D_2 = 1/2$ 的空心轴时，其外径 D_2 最小为（　　），内径最小为（　　）。

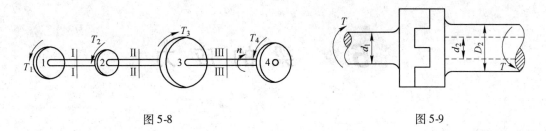

图 5-8   图 5-9

二、计算题

1. 一实心锥形圆轴（图 5-10），小端半径为 r，大端半径为 $1.3r$。求该轴的最大相对扭转角。（20 分）

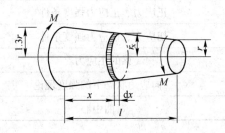

图 5-10

2. 长度为 2m 的圆管，外径 $D=10\text{mm}$，壁厚 $t=0.5\text{mm}$。两端刚性固定，且承受均匀分布外力偶 $m=5.5\text{N}\cdot\text{m/m}$。求此杆内最大切应力及长度中点处截面的扭转角。材料的切变模量为 $G=8\times10^4\text{MPa}$。（25 分）

3. 两种形式的薄壁截面，一种为空心圆截面，内径为 80mm，壁厚为 t；一种为正方形截面，壁厚也为 t。两种截面采用相同的材料、相同的质量。请问哪一种形式的抗扭强度大一些？（25 分）

专项训练 5 成绩：

	优 秀	90~100 分	☐
良 好	80~89 分	☐
中 等	70~79 分	☐
及 格	60~69 分	☐
不及格	60 分以下	☐

6　梁 的 应 力

学习指导

【本章知识结构】

知识模块	知识点	掌握程度
梁的应力	正应力、正应力强度条件	掌握
	切应力、切应力强度条件	掌握
	梁的主应力	掌握
	二向应力状态下的强度理论	掌握
	弯曲中心	理解

【本章能力训练要点】

能力训练要点	应用方向
正应力、切应力及其强度条件	计算梁的应力并验算其强度
强度理论	设计验算梁的应力

6.1　正应力、正应力强度条件

6.1.1　纯弯曲状态下梁的正应力

纯弯曲梁的正应力：对于只有弯矩而无剪力作用的梁，垂直于其截面的应力分量称为纯弯曲梁的正应力；而对于既有弯矩又有剪力作用的梁的正应力，称为非纯弯曲梁的正应力。

（1）纯弯曲梁正应力计算公式：

$$\sigma = \frac{M_z y}{I_z} \tag{6-1}$$

（2）纯弯曲梁最大正应力计算公式：

$$\sigma_{max} = \frac{M_z y_{max}}{I_z} \tag{6-2}$$

6.1.2　正应力强度条件

梁的弯曲正应力强度条件：　　　　$$\sigma_{max} = \frac{M_{max}}{W_z} \leqslant [\sigma] \tag{6-3}$$

式中，W_z 为梁的抗弯截面模量

矩形截面 $$W_z = \frac{I_z}{\frac{h}{2}} = \frac{bh^2}{6} \tag{6-4}$$

圆形截面 $$W_z = \frac{I_z}{\frac{d}{2}} = \frac{\pi d^3}{32} \tag{6-5}$$

6.2 切应力、切应力强度条件

6.2.1 切应力

与截面相切的应力分量称为切应力或者剪应力。判定横截面上切应力的方向依据：第一，近边界处的切应力与边界平行；第二，切应力的方向必须与对应内力一致；第三，切应力的方向、大小应是连续变化的。

横截面距中心轴 y 处的切应力： $$\tau = \frac{VS_z^*}{bI_z} \tag{6-6}$$

矩形截面 $$\tau_{max} = 1.5\frac{V}{A} \tag{6-7}$$

圆截面梁 $$\tau_{max} = \frac{4V}{3A} \tag{6-8}$$

工字形截面梁：翼板处切应力比腹板处小得多，腹板处切应力为

$$\tau = \frac{VS_{zmax}^*}{I_z b_1} \tag{6-9}$$

式中，S_{zmax}^* 为横截面中性轴以上或以下部分面积中对中性轴的静矩；b_1 为腹板宽度。

6.2.2 切应力强度条件

$$\tau = \frac{V_s S_{zmax}^*}{bI_z} \leqslant [\tau] \tag{6-10}$$

式中，$[\tau]$ 为材料的需要切应力。

6.3 梁的主应力

6.3.1 主应力

过一点的某个面上无切应力，则此面称为主平面。主平面的法线方向称为主方向，主平面上的正应力称为主应力。根据其应力状态可分为三类：单向应力状态、二向应力状态、三向应力状态。

6.3.2　主应力计算公式

（1）斜截面上的应力为

$$\sigma_{\alpha} = \frac{\sigma_x}{2} + \frac{\sigma_x}{2}\cos2\alpha - \tau_x\sin2\alpha \tag{6-11}$$

$$\tau_{\alpha} = \frac{\sigma_x}{2}\sin2\alpha + \tau_x\cos2\alpha \tag{6-12}$$

（2）斜截面主应力最大、最小值

$$\begin{matrix}\sigma_{max}\\\sigma_{min}\end{matrix} = \frac{\sigma_x}{2} \pm \sqrt{\left(\frac{\sigma_x}{2}\right)^2 + \tau_x^2} \tag{6-13}$$

主平面所在方位　　　$\tan2\alpha_0 = -\dfrac{2\tau_x}{\sigma_x}$

（3）切应力极值及所在截面

切应力极值　　　$\begin{matrix}\tau_{max}\\\tau_{min}\end{matrix} = \pm\sqrt{\left(\dfrac{\sigma_x - \sigma_y}{2}\right)^2 + \tau_x^2} \tag{6-14}$

极值切应力平面　　　$\tan2\beta_0 = \dfrac{\sigma_x}{2\tau_x}$

6.4　二向应力状态下的强度条件——强度理论

6.4.1　第一强度理论：最大拉应力理论

当最大拉应力 $\sigma_1(\sigma_1 > 0)$ 达到材料能承受的极限值 σ_t^0 时，破坏发生。换言之，脆性材料断裂的主要原因是最大拉应力，极限值 σ_t^0 由拉伸试验测得。

对应强度条件

$$\sigma_{r1} = \sigma_1 \leqslant [\sigma] = \frac{(\sigma_b)_t}{n} \tag{6-15}$$

6.4.2　第二强度理论：最大拉应变理论

当最大拉应变达到材料能承受的极限值 ε_t^0 时，发生破坏。极限值 ε_t^0 是材料性质，应是常数。即脆性材料断裂的主要原因是最大拉应变。破坏条件表达式为：

$$\varepsilon_1 = \varepsilon_t^0 = \frac{(\sigma_b)_t}{E}$$

对应强度条件

$$\sigma_{r2} = \sigma_1 - \mu(\sigma_2 + \sigma_3) \leqslant [\sigma] = \frac{(\sigma_b)_t}{n} \tag{6-16}$$

6.4.3 第三强度理论：最大切应力理论

当最大切应力 τ_{max} 达到材料能承受的极限值 τ^0 时，塑性破坏发生，即塑性材料屈服的主要原因是最大切应力。由简单拉伸试验测出 $\tau^0 = \dfrac{\sigma^0}{2}$，破坏条件表达式为

$$\tau_{max} = \frac{\sigma_1 - \sigma_3}{2} = \tau^0$$

对应强度条件

$$\sigma_{r3} = \sigma_1 - \sigma_3 \leqslant [\sigma] \tag{6-17}$$

6.4.4 第四强度理论：最大形状改变比能理论

材料在复杂应力状态下引起单元体单位体积形状改变的能量达到简单拉伸时单元体积改变的能量危险值时，发生破坏。

对应强度条件

$$\sigma_{r4} = \sqrt{\frac{1}{2}\left[(\sigma_1 - \sigma_2)^2 + (\sigma_2 - \sigma_3)^2 + (\sigma_3 - \sigma_1)^2\right]} \leqslant [\sigma] \tag{6-18}$$

6.5 弯 曲 中 心

当外力作用平面与形心主惯性轴平行，并且通过某一特定点 A 时，杆件只有弯曲变形，没有扭转变形，这个特定点称为弯曲中心。平面弯曲的充要条件：横向力必须与形心主轴平行且通过弯曲中心。

6.6 例 题 详 解

【例6-1】 纯弯曲梁如图6-1所示，作用的弯矩为 M_c，截面为矩形，宽为 b，高为 $h = 2b$。试问：（1）截面平放和竖放时的应力比；（2）如截面竖放，且 h 增大到 $4b$ 时，平放比竖放时应力增大多少倍。

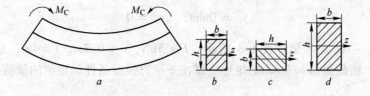

图 6-1

（1）**解**：梁平放时的正应力

$$W_{z_1} = \frac{hb^2}{6} = \frac{2b \times b^2}{6} = \frac{b^3}{3}$$

$$\sigma_{\max_1} = \frac{M_{\max}}{W_{z_1}} = \frac{3M_c}{b^3}$$

梁竖放时的正应力

$$W_{z_2} = \frac{h^2 b}{6} = \frac{(2b)^2 \times b}{6} = \frac{2b^3}{3}$$

$$\sigma_{\max_2} = \frac{M_{\max}}{W_{z_2}} = \frac{3M_c}{2b^3}$$

截面平放和竖放的应力比：$\sigma_{\max_1}/\sigma_{\max_2} = 2$。

（2）**解**：截面平放和竖放的应力比：$\sigma_{\max_1}/\sigma_{\max_2} = W_{z_2}/W_{z_1} = h/b = 4$

平放比竖放时应力增大 4 倍。

【例 6-2】　矩形截面悬臂梁，受力如图 6-2 所示。求固定端截面上 A 点和 B 点时的正应力，B 点在梁的中性轴上。

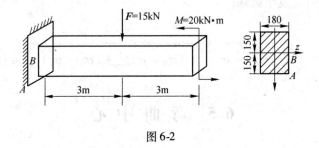

图 6-2

解：固定端处弯矩 $M = -25\text{kN} \cdot \text{m}$

$$I_z = \frac{bh^3}{12} = \frac{180 \times 300^3}{12} = 4.05 \times 10^8 \text{mm}^4$$

A 点处正应力

$$\sigma_A = \frac{M_z y_a}{I_z} = -\frac{25 \times 10^6 \times 150}{4.05 \times 10^8} = -9.26\text{MPa}$$

B 点处正应力

$$y_b = 0\text{mm}, \quad \sigma_B = 0$$

【例 6-3】　一简支木梁如图 6-3 所示，$F = 5\text{kN}$，$a = 0.7\text{m}$，$l = 4\text{m}$，材料许用应力 $[\sigma] = 10\text{MPa}$，横截面为 $h/b = 3$ 的矩形。试按正应力强度条件确定梁的横截面尺寸。

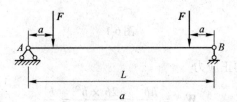

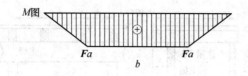

图 6-3

解：
$$M_{max} = Fa = 5 \times 0.7 = 3.5 \mathrm{kN \cdot m}$$

$$\sigma_{max} = \frac{M_{max}}{W_z} \leqslant [\sigma] = 10 \mathrm{MPa}$$

$$W_z = \frac{M_{max}}{[\sigma]} \geqslant \frac{3.5 \times 10^6}{10} = 3.5 \times 10^5 \mathrm{mm}^3$$

$$W_z = \frac{bh^2}{6} \text{ 且 } h/b = 3$$

则梁的横截面尺寸为 $h = 185 \mathrm{mm}$，$b = 61.5 \mathrm{mm}$

【例 6-4】 $20a$ 工字钢梁，荷载如图 6-4 所示。已知许用应力 $[\sigma] = 160 \mathrm{MPa}$，试校核梁的强度。

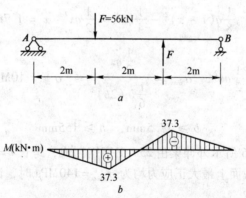

图 6-4

解：$M_{max} = 37.3 \mathrm{kN \cdot m}$

查表得 $20a$ 工字钢梁 $W_z = 2.37 \times 10^5 \mathrm{mm}^3$

$$\sigma = \frac{M_{max}}{W_z} = \frac{37.3 \times 10^6}{2.37 \times 10^5} = 157.4 \mathrm{MPa} \leqslant [\sigma] = 160 \mathrm{MPa}$$

故梁安全。

【例 6-5】 一平顶凉台如图 6-5 所示，其宽 $l = 6 \mathrm{m}$，平顶面荷载 $p = 2000 \mathrm{N/m}^2$，由间距 $s = 1 \mathrm{m}$ 的木次梁 AB 支持，木梁的许用应力 $[\sigma] = 10 \mathrm{MPa}$，并已知 $h/b = 2$。（1）在次梁用料最经济的条件下，求主梁的位置 x 值，x 为从次梁外边缘到主中心线的距离；（2）选择这时矩形截面木次梁的尺寸。

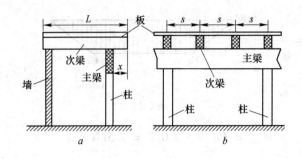

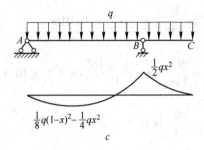

图 6-5

（1）解：
$$\frac{1}{8}q(1-x)^2 - \frac{1}{4}qx^2 = \frac{1}{2}qx^2 \quad x = 1.76\text{m}$$

（2）解：$M_{max} = \frac{1}{2}qx^2$, $\sigma_{max} = \dfrac{\frac{1}{2}qx^2}{\frac{1}{6}b(2b)^2} \leqslant [\sigma] = 10\text{MPa}$, 算得

$$b \geqslant 77.5\text{mm}, \quad h \geqslant 155\text{mm}$$

【例6-6】　如图6-6所示外伸梁由25a工字钢制成，跨长 $l = 6$m，梁上作用均布荷载 q。当两支座处及跨中截面上最大正应力均为 $\sigma_{max} = 140$MPa 时，试问外伸部分的长度 a 及荷载集度 q 各等于多少？

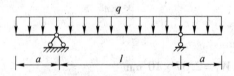

图 6-6

解：查表得 25a 工字钢　$W_z = 4.02 \times 10^5\text{mm}^3$

支座处弯矩 $M_支 = -\dfrac{qa^2}{2}$, 跨中处弯矩 $M_{跨中} = \dfrac{ql^2}{8} - \dfrac{qa^2}{2}$

$$\sigma_{max} = \frac{M_{max}}{W_z} = 140\text{MPa}, \quad M_{max} = 5.628 \times 10^7\text{N} \cdot \text{m}$$

$$\frac{qa^2}{2} = \frac{ql^2}{8} - \frac{qa^2}{2} = 5.628 \times 10^7$$

计算得 $a = 2.12\text{m}$，$q = 25\text{N/m}$。

【例6-7】 一矩形截面木梁如图6-7所示，$q = 1.3\text{kN/m}$，矩形截面 $b \times h = 60\text{mm} \times 120\text{mm}$，已知许用正应力 $[\sigma] = 10\text{MPa}$，许用切应力 $[\tau] = 2\text{MPa}$，试校核梁的正应力和切应力强度。

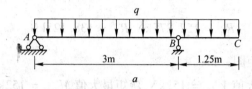

a

解：支反力 $R_A = 1.61\text{kN}$，$R_B = 3.91\text{kN}$

剪力最大值 $V_{\text{max}} = 2.29\text{kN}$，弯矩最大值 $M_{\text{max}} = 1.02\text{kN} \cdot \text{m}$

$$W_z = \frac{bh^2}{6} = \frac{60 \times 120^2}{6} = 1.44 \times 10^5 \text{mm}^3, I_z = \frac{bh^3}{12} = \frac{60 \times 120^3}{12} = 8.64 \times 10^6 \text{mm}^4$$

$$S_{z\text{max}}^* = \frac{A}{2} \cdot \frac{h}{4} = \frac{60 \times 120}{2} \times \frac{120}{4} = 3600 \times 30 = 1.08 \times 10^5 \text{mm}^3$$

$$\sigma = \frac{M_{\text{max}}}{W_z} = \frac{1.02 \times 10^6}{1.44 \times 10^5} = 7.08\text{MPa} < [\sigma] = 10\text{MPa}$$

$$\tau_{\text{max}} = \frac{V_{\text{max}} S_{z\text{max}}^*}{I_z b} = \frac{2.29 \times 10^3 \times 1.08 \times 10^5}{8.64 \times 10^6 \times 60} = 0.476\text{MPa} < [\tau] = 2\text{MPa}$$

因此，梁的强度足够。

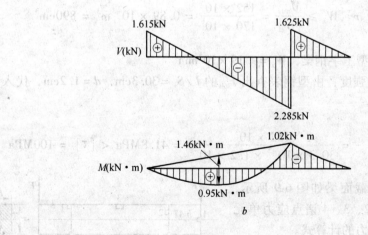

b

图6-7

【例6-8】 由工字钢制成的简支梁，受力如图6-8所示，已知 $[\sigma] = 170\text{MPa}$，$[\tau] = 100\text{MPa}$，试选择工字钢型号。

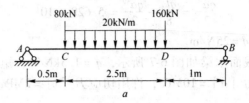

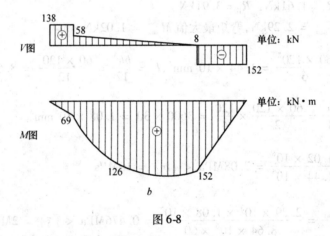

解： 支座反力

$$R_B = 152.875\text{kN}, R_A = 138.125\text{kN}$$

（1）作剪力图、弯矩图，得

剪力最大值 $V_{max} = 152\text{kN}$，弯矩最大值 $M_{max} = 152\text{kN} \cdot \text{m}$

图 6-8

（2）由正应力强度条件选择工字钢型号：

$$\frac{M_{max}}{W_z} \leqslant [\sigma], W_z \geqslant \frac{M_{max}}{[\sigma]} = \frac{152 \times 10^3}{170 \times 10^6} = 0.89 \times 10^{-3}\text{m}^3 = 890\text{cm}^3$$

经计算选择 36b 型工字钢梁，$W_z = 9.19 \times 10^5\text{mm}^5$

（3）校核切应力强度：由型钢表查出 I_{36b} 的 $I_z/S_z = 30.3\text{cm}$，$d = 1.2\text{cm}$，代入切应力强度条件公式：

$$\tau_{max} = \frac{V_{max}S_{zmax}^*}{I_z d} = \frac{152 \times 10^3}{30.3 \times 10^{-2} \times 1.2 \times 10^{-2}} = 41.8\text{MPa} < [\tau] = 100\text{MPa}$$

【例 6-9】 矩形截面梁如图 6-9 所示，绘出图中注明的 1、2、3、4 诸点应力单元体，并写出各点处应力的计算式。

解： 绘出剪力图和弯矩图

点 1 在梁左边缘且在中性轴上，$F < 0$，

$$M = 0, S^* = \frac{A}{2} \cdot \frac{h}{4} = \frac{bh^2}{8}, I_z = \frac{bh^3}{12}$$

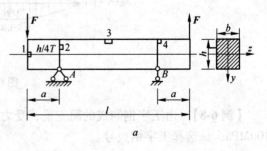

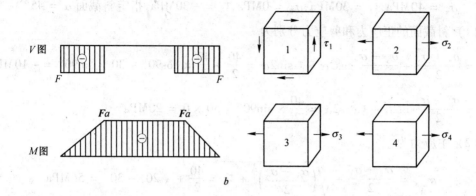

图 6-9

故
$$\sigma_1 = 0, \ \tau_1 = \frac{F_s S^*}{b I_z} = \frac{3F}{2bh}$$

点 2 在支座 A 右侧，$F = 0$，$M < 0$，$I_z = \frac{bh^3}{12}$

故 $\tau_2 = 0$，$\sigma_2 = \dfrac{M_A y_2}{I_z} = \dfrac{Fa \times \dfrac{h}{4}}{\dfrac{bh^3}{12}} = \dfrac{3Fa}{bh^2}$（拉）

点 3 在梁的上边缘，$F = 0$，$M < 0$，故 $\tau_3 = 0$，$\sigma_3 = \dfrac{M_B y_3}{I_z} = \dfrac{Fa \times \dfrac{h}{2}}{\dfrac{bh^3}{12}} = \dfrac{6Fa}{bh^2}$（拉）

点 4 在梁的上边缘且在支座右侧，$F < 0$，$M < 0$

故
$$\tau_4 = 0, \ \sigma_4 = \frac{M_B y_4}{I_z} = \frac{Fa \times \dfrac{h}{2}}{\dfrac{bh^3}{12}} = \frac{6Fa}{bh^2}（拉）$$

【例 6-10】 单元体上应力如图 6-10 所示，试求：（1）单元体转过 α 角度后斜截面上的应力；（2）主应力及主平面方位角；（3）最大切应力数值。

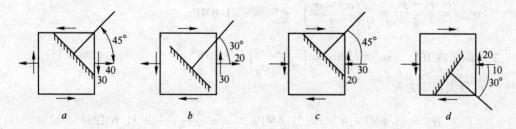

图 6-10

解：
对于图 6-10a

$$\sigma_x = 40\text{MPa}, \tau_x = 30\text{MPa}, \sigma_y = 0\text{MPa}, \tau_y = -30\text{MPa}, \text{指定斜截面}\ \alpha = 45°$$

（1）斜截面的正应力和剪应力分别为

$$\sigma_\alpha = \frac{\sigma_x + \sigma_y}{2} + \frac{\sigma_x - \sigma_y}{2}\cos2\alpha - \tau_x\sin2\alpha = \frac{40}{2} + \frac{40}{2} \times \cos90° - 30 \times \sin90° = -10\text{MPa}$$

$$\tau_\alpha = \frac{\sigma_x - \sigma_y}{2}\sin2\alpha + \tau_x\cos2\alpha = \frac{40}{2} \times \sin90° + 30 \times 0 = 20\text{MPa}$$

（2）主应力为

$$\sigma_{max} = \frac{\sigma_x + \sigma_y}{2} + \sqrt{\left(\frac{\sigma_x - \sigma_y}{2}\right)^2 + \tau_x^2} = \frac{40}{2} + \sqrt{20^2 + 30^2} = 56\text{MPa}$$

$$\sigma_{min} = \frac{\sigma_x + \sigma_y}{2} - \sqrt{\left(\frac{\sigma_x - \sigma_y}{2}\right)^2 + \tau_x^2} = -16\text{MPa}$$

主平面法线方位：$\alpha_0 = \frac{1}{2}\arctan\left(\frac{-2\tau_x}{\sigma_x - \sigma_y}\right) = -28.15°$

（3）最大切应力为

$$\sigma_1 = 56\text{MPa}, \sigma_3 = -16\text{MPa}, \tau_{max} = \frac{\sigma_1 - \sigma_3}{2} = 36\text{MPa}$$

对于图 6-10b

$$\sigma_x = 20\text{MPa}, \tau_x = -30\text{MPa}, \sigma_y = 0\text{MPa}, \tau_y = 30\text{MPa}, \text{指定斜截面}\ \alpha = 30°$$

（1）斜截面的正应力和剪应力分别为

$$\sigma_\alpha = \frac{\sigma_x + \sigma_y}{2} + \frac{\sigma_x - \sigma_y}{2}\cos2\alpha - \tau_x\sin2\alpha = \frac{20}{2} + \frac{20}{2} \times \cos60° + 30 \times \sin60° = 41\text{MPa}$$

$$\tau_\alpha = \frac{\sigma_x - \sigma_y}{2}\sin2\alpha + \tau_x\cos2\alpha = \frac{20}{2} \times \sin60° - 30 \times \cos60 = -6.34\text{MPa}$$

（2）主应力为

$$\sigma_{max} = \frac{\sigma_x + \sigma_y}{2} + \sqrt{\left(\frac{\sigma_x - \sigma_y}{2}\right)^2 + \tau_x^2} = \frac{20}{2} + \sqrt{10^2 + (-30)^2} = 41.6\text{MPa}$$

$$\sigma_{min} = \frac{\sigma_x + \sigma_y}{2} - \sqrt{\left(\frac{\sigma_x - \sigma_y}{2}\right)^2 + \tau_x^2} = -21.6\text{MPa}$$

主平面法线方位 $\alpha_0 = \frac{1}{2}\arctan\left(\frac{-2\tau_x}{\sigma_x - \sigma_y}\right) = 35.78°$

（3）最大切应力为

$$\sigma_1 = 41.6\text{MPa}, \sigma_3 = -21.6\text{MPa}, \tau_{max} = \frac{\sigma_1 - \sigma_3}{2} = 31.6\text{MPa}$$

对于图 6-10c

$$\sigma_x = -30\text{MPa}, \tau_x = -20\text{MPa}, \sigma_y = 0\text{MPa}, \tau_y = 20\text{MPa}, \text{指定斜截面}\ \alpha = 45°$$

（1）斜截面的正应力和剪应力分别为

$$\sigma_\alpha = \frac{\sigma_x + \sigma_y}{2} + \frac{\sigma_x - \sigma_y}{2}\cos2\alpha - \tau_x\sin2\alpha = -\frac{30}{2} - \frac{30}{2} \times \cos90° + 20 \times \sin90° = 5\text{MPa}$$

$$\tau_\alpha = \frac{\sigma_x - \sigma_y}{2}\sin2\alpha + \tau_x\cos2\alpha = \frac{-30}{2} \times \sin90° - 20 \times \cos90° = -15\text{MPa}$$

（2）主应力为

$$\sigma_{\max} = \frac{\sigma_x + \sigma_y}{2} + \sqrt{\left(\frac{\sigma_x - \sigma_y}{2}\right)^2 + \tau_x^2} = -\frac{30}{2} + \sqrt{(-15)^2 + (-20)^2} = 10\text{MPa}$$

$$\sigma_{\min} = \frac{\sigma_x + \sigma_y}{2} - \sqrt{\left(\frac{\sigma_x - \sigma_y}{2}\right)^2 + \tau_x^2} = -40\text{MPa}$$

主平面法线方位　　$\alpha_0 = \frac{1}{2}\arctan\left(\frac{-2\tau_x}{\sigma_x - \sigma_y}\right) = -26.56°$

（3）最大切应力

$$\sigma_1 = 10\text{MPa}, \sigma_3 = -40\text{MPa}, \tau_{\max} = \frac{\sigma_1 - \sigma_3}{2} = 25\text{MPa}$$

对于图 6-10d

　　$\sigma_x = -10\text{MPa}, \tau_x = -20\text{MPa}, \sigma_y = 0\text{MPa}, \tau_y = 20\text{MPa}$，指定斜截面 $\alpha = 330°$

（1）斜截面的正应力和剪应力分别为

$$\sigma_\alpha = \frac{\sigma_x + \sigma_y}{2} + \frac{\sigma_x - \sigma_y}{2}\cos2\alpha - \tau_x\sin2\alpha = -\frac{10}{2} - \frac{10}{2} \times \cos660° + 20 \times \sin660°$$
$$= -24.8\text{MPa}$$

$$\tau_\alpha = \frac{\sigma_x - \sigma_y}{2}\sin2\alpha + \tau_x\cos2\alpha = \frac{-10}{2} \times \sin660° - 20 \times \cos660° = -5.7\text{MPa}$$

（2）主应力为

$$\sigma_{\max} = \frac{\sigma_x + \sigma_y}{2} + \sqrt{\left(\frac{\sigma_x - \sigma_y}{2}\right)^2 + \tau_x^2} = -\frac{10}{2} + \sqrt{(-5)^2 + (-20)^2} = 15.6\text{MPa}$$

$$\sigma_{\min} = \frac{\sigma_x + \sigma_y}{2} - \sqrt{\left(\frac{\sigma_x - \sigma_y}{2}\right)^2 + \tau_x^2} = -25.6\text{MPa}$$

主平面法线方位　　$\alpha_0 = \frac{1}{2}\arctan\left(\frac{-2\tau_x}{\sigma_x - \sigma_y}\right) = -37.98°$

（3）最大切应力

$$\sigma_1 = 15.6\text{MPa}, \sigma_3 = -25.6\text{MPa}, \tau_{\max} = \frac{\sigma_1 - \sigma_3}{2} = 20.6\text{MPa}$$

【例6-11】 求如图 6-11 所示悬臂梁 A 点处的主应力及其方位角。

解： 由悬臂梁的剪力图和弯矩图得 A 点 $V_A = 10\text{kN}$，$M_A = 13\text{kN·m}$

$$I_z = \frac{bh^3}{12} = \frac{80 \times 160^3}{12} = 2.731 \times 10^7\text{mm}^4, \quad S_{zA}^* = \frac{bh}{4} \times \frac{3h}{8} = 1.92 \times 10^5\text{mm}^3$$

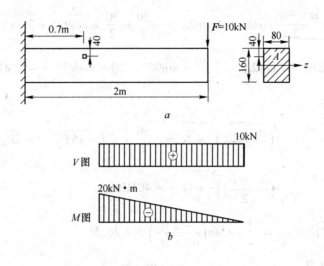

图 6-11

A 点正应力及切应力　　$\sigma_A = \dfrac{M_A y}{I_z} = \dfrac{13 \times 10^6 \times 40}{2.731 \times 10^7} = 19.04\text{MPa}$

$$\tau_A = \frac{V_A S_{zA}^*}{I_z b} = \frac{10 \times 10^3 \times 1.92 \times 10^5}{2.731 \times 10^7 \times 80} = 0.88\text{MPa}$$

A 点处应力单元体为

$$\sigma_x = 19.04\text{MPa}, \tau_x = 0.88\text{MPa}, \sigma_y = 0\text{MPa}, \tau_y = -0.88\text{MPa}$$

A 点处主应力

$$\sigma_{max} = \frac{\sigma_x + \sigma_y}{2} + \sqrt{\left(\frac{\sigma_x - \sigma_y}{2}\right)^2 + \tau_x^2} = \frac{19.04}{2} + \sqrt{\left(\frac{19.04}{2}\right)^2 + 0.88^2} = 19.08\text{MPa}$$

$$\sigma_{max} = \frac{\sigma_x + \sigma_y}{2} - \sqrt{\left(\frac{\sigma_x - \sigma_y}{2}\right)^2 + \tau_x^2} = -0.04\text{MPa}$$

主平面法线方位　　$\alpha_0 = \dfrac{1}{2}\arctan\left(\dfrac{-2\tau_x}{\sigma_x - \sigma_y}\right) = -2.64°$

【例 6-12】　焊接钢板梁，尺寸和受力情况如图 6-12 所示，梁的自重忽略不计。试求 E 稍左截面的上、下边缘上的 a 点、腹板和翼板交接处 b 点和中性轴上 c 点的主应力。

解： 由简支梁的剪力图和弯矩图得 E 点 $V_A = 160\text{kN}$，$M_A = 64\text{kN·m}$

a 点

$$I_z = 2 \times \left(\frac{10^3 \times 120}{12} + 1200 \times 105^2\right) + \frac{10 \times 200^3}{12} = 33.19 \times 10^6 \text{mm}^4$$

计算得

$$\tau_a = 0, \sigma_a = \frac{M_A y}{I_z} = \frac{64 \times 10^6 \times 110}{33.19 \times 10^6} = 212\text{MPa}$$

b 点

$$S_z^* = 10 \times 120 \times 105 = 1.26 \times 10^5$$

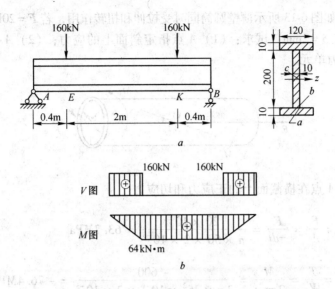

图 6-12

$$\tau_b = \frac{V_A S_{zA}^*}{I_z b} = \frac{160 \times 10^3 \times 1.26 \times 10^5}{33.19 \times 10^6 \times 10} = 61 \text{MPa}$$

$$\sigma_b = \frac{M_A y}{I_z} = \frac{64 \times 10^6 \times 100}{33.19 \times 10^6} = 193 \text{MPa}$$

$$\sigma_x = 193 \text{MPa}, \tau_x = 61 \text{MPa}, \sigma_y = 0 \text{MPa}, \tau_y = -61 \text{MPa}$$

b 点处主应力

$$\sigma_{max} = \frac{\sigma_x + \sigma_y}{2} + \sqrt{\left(\frac{\sigma_x - \sigma_y}{2}\right)^2 + \tau_x^2} = \frac{193}{2} + \sqrt{\left(\frac{193}{2}\right)^2 + 61^2} = 211 \text{MPa}$$

$$\sigma_{min} = \frac{\sigma_x + \sigma_y}{2} - \sqrt{\left(\frac{\sigma_x - \sigma_y}{2}\right)^2 + \tau_x^2} = -18 \text{MPa}$$

则　　　　　$\sigma_1 = 211 \text{MPa}, \sigma_3 = -18 \text{MPa}$

c 点

$$S_z^* = 10 \times 120 \times 105 + 100 \times 10 \times 50 = 1.76 \times 10^5$$

$$\tau_b = \frac{V_A S_{zA}^*}{I_z b} = \frac{160 \times 10^3 \times 1.76 \times 10^5}{33.19 \times 10^6 \times 10} = 85 \text{MPa}$$

$$\sigma_x = 0, \tau_x = 85 \text{MPa}, \sigma_y = 0, \tau_y = -85 \text{MPa}$$

$$\sigma_{max} = \frac{\sigma_x + \sigma_y}{2} + \sqrt{\left(\frac{\sigma_x - \sigma_y}{2}\right)^2 + \tau_x^2} = 0 + \sqrt{0 + 85^2} = 85 \text{MPa}$$

$$\sigma_{min} = \frac{\sigma_x + \sigma_y}{2} - \sqrt{\left(\frac{\sigma_x - \sigma_y}{2}\right)^2 + \tau_x^2} = -85 \text{MPa}$$

则　　　　　$\sigma_1 = -\sigma_3 = 85 \text{MPa}$

【例6-13】　如图6-13所示薄壁圆筒同时受拉伸和扭转作用，若 $F = 20$kN，$M_T = 600$N·m，且 $d = 50$mm，$\delta = 2$mm，试求：（1）A 点指定斜面上的应力；（2）A 点主应力及其方位角，并绘主应力单元。

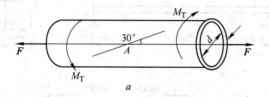

a

解：（1）求 A 点在横截面上的正应力和切应力

$$\sigma = \frac{F}{A} = \frac{F}{\pi dt} = \frac{20 \times 10^3}{\pi \times 50 \times 2 \times 10^{-6}} = 63.7\text{MPa}$$

$$\tau = \frac{T}{W_p} = \frac{M}{2\pi r^2 t} = \frac{-600}{2\pi \times 25^2 \times 10^{-6} \times 2 \times 10^{-3}} = -76.4\text{MPa}$$

作出 A 点的应力状态图

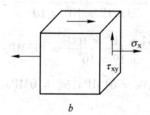

b

$$\sigma_x = 63.7\text{MPa}, \tau_x = -76.4\text{MPa}, \sigma_y = 0$$

A 点指定 $\alpha = 120°$ 斜面上

$$\sigma_\alpha = \frac{\sigma_x + \sigma_y}{2} + \frac{\sigma_x - \sigma_y}{2}\cos 2\alpha - \tau_x \sin 2\alpha$$

$$= \frac{63.7}{2} + \frac{63.7}{2} \times \cos 240° - (-76.4) \times \sin 240° = -50.3\text{MPa}$$

$$\tau_\alpha = \frac{\sigma_x - \sigma_y}{2}\sin 2\alpha + \tau_x \cos 2\alpha$$

$$= \frac{63.7}{2} \times \sin 240° + (-70.7) \times \cos 240° = 10.7\text{MPa}$$

（2）A 点处主应力

$$\sigma_{max} = \frac{\sigma_x + \sigma_y}{2} + \sqrt{\left(\frac{\sigma_x - \sigma_y}{2}\right)^2 + \tau_x^2} = \frac{63.7}{2} + \sqrt{\left(\frac{63.7}{2}\right)^2 + (-76.4)^2} = 114.6\text{MPa}$$

$$\sigma_{min} = \frac{\sigma_x + \sigma_y}{2} - \sqrt{\left(\frac{\sigma_x - \sigma_y}{2}\right)^2 + \tau_x^2} = -50.9\text{MPa}$$

得 $\quad \sigma_1 = 114.6\text{MPa}, \sigma_2 = 0, \sigma_3 = -50.9\text{MPa}$

（3）方向角及主单元体：

$$\tan 2\alpha_0 = -\frac{2\tau_{xy}}{\sigma_x - \sigma_y} = -\frac{2 \times (-70.6)}{63.7} = 2.22$$

$$\alpha_0 = 33.69°, \alpha_0 + 90° = 153.69°$$

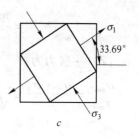

图 6-13

【例 6-14】 有一根 $36a$ 工字钢梁，如图 6-14 所示，作用集中力 $F = 140\text{kN}$，跨长 $l = 4\text{m}$，A 点所在截面在集中力 F 的左侧，且无限接近力 F 作用截面，A 点到中性轴的距离 $y = \dfrac{h}{4}$，试求：（1）A 点在指定 $\alpha = 30°$ 斜面上的应力；（2）A 点的主应力及其方位角。

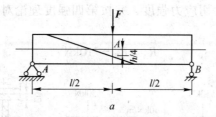

a

解：

（1）A 截面上的剪力和弯矩

$$V = \frac{F}{2} = 70\text{kN}, M = \frac{Fl}{4} = \frac{140 \times 4}{4} = 140\text{kN} \cdot \text{m}$$

A 点的应力状态

截面几何性质

$$W = 875\text{cm}^3, I_z = 15800\text{cm}^3, h = 360\text{mm}$$

$$B = 136\text{mm}, b = 10\text{mm}, t = 15.8\text{mm}$$

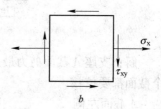

b

图 6-14

应力分量

$$\sigma_x = \frac{M \times \dfrac{h}{4}}{I_z} = \frac{140 \times 10^3 \times \dfrac{0.36}{4}}{15800 \times 10^{-8}} = 79.75\text{MPa}, \sigma_y = 0$$

$$\tau_{xy} = \frac{V}{I_z b}\left\{\frac{B}{8}\left[h^2 - (h - 2t)^2\right]\right\} = 20.56\text{MPa}$$

$$\alpha = 60°$$

斜截面上的应力

$$\sigma_\alpha = \frac{\sigma_x + \sigma_y}{2} + \frac{\sigma_x - \sigma_y}{2}\cos 2\alpha - \tau_x \sin 2\alpha$$

$$= \frac{79.75}{2} + \frac{79.75}{2} \times \cos 120° - 20.56 \times \sin 120° = 2.13\text{MPa}$$

$$\tau_\alpha = \frac{\sigma_x - \sigma_y}{2}\sin 2\alpha + \tau_x \cos 2\alpha$$

$$= \frac{79.75}{2} \times \sin120° + 20.56 \times \cos120° = 24.25\text{MPa}$$

（2）主应力为：

$$\left.\begin{array}{l}\sigma_{max}\\\sigma_{min}\end{array}\right\} = \frac{\sigma_x + \sigma_y}{2} \pm \sqrt{\left(\frac{\sigma_x - \sigma_y}{2}\right)^2 + \tau_x^2} = \frac{79.75}{2} \pm \sqrt{\left(\frac{79.75}{2}\right)^2 + 20.56^2} = \begin{array}{l}84.8\text{MPa}\\-5\text{MPa}\end{array}$$

$$\sigma_1 = 84.8\text{MPa},\ \sigma_2 = 0,\ \sigma_3 = -5\text{MPa}$$

主方向

$$\tan2\alpha_0 = -\frac{2\tau_{xy}}{\sigma_x - \sigma_y} = -\frac{2 \times 20.56}{79.75} = -0.516$$

$$\alpha_0 = -13.65°,\ \alpha_0 + 90° = 76.4°$$

【例6-15】　有一根简支梁如图6-15所示，已知 $[\sigma] = 170\text{MPa}$，$[\tau] = 100\text{MPa}$，试校核梁内的最大正应力和最大切应力强度，并按第四强度理论对危险截面上的 a 点作强度校核。

支反力　　　　　　　　　　　$R_A = R_B = 710\text{kN}$

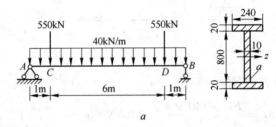

a

解：支座 A 截面剪力最大，跨中截面弯矩最大，C、D 截面弯矩剪力较大，因此这几个截面都要校核。

A 截面左侧

$$V_{A右} = 710\text{kN},\ I_z = \left(\frac{240 \times 20^3}{12} + 240 \times 20 \times 410^2\right) \times 2 + \frac{10 \times 800^3}{12} = 2.04 \times 10^9\text{mm}^4$$

$$S_z^* = 20 \times 240 \times 410 + 10 \times 400 \times 200 = 2.768 \times 10^6\text{mm}^3$$

$$\tau_{max} = \frac{V_A S_{zA}^*}{I_z b} = \frac{710 \times 10^3 \times 2.768 \times 10^6}{2.04 \times 10^9 \times 10} = 96.34\text{MPa} < 100\text{MPa}$$

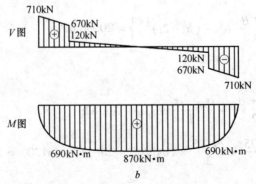

b

图6-15

最大剪力发生在中性轴处，为纯剪切应力状态。用第三强度校核。

$$\sigma_{r3} = 2 \times 96.34 = 192.69\text{MPa} > [\sigma]$$

用第三强度理论偏于保守，常用第四强度理论再做校核：

$$\sigma_{r4} = \sqrt{3} \times 96.34 = 166.9\text{MPa} > [\sigma]$$

满足强度条件。

最大正应力发生在跨中截面上、下边缘，为单向应力状态。

$$\sigma_{max} = \frac{M_c y_{max}}{I_z} = \frac{870 \times 10^6 \times 420}{2.04 \times 10^9} = 179\text{MPa}$$

$$\sigma_{r3} = \sigma_1 - \sigma_3 = \sigma_1 = 179\text{MPa} > [\sigma]$$

不满足强度条件。

在 C 截面处 a 出剪力和弯矩均较大。

$$\sigma = \frac{M_c y_a}{I_z} = \frac{690 \times 10^6 \times 400}{2.04 \times 10^9} = 135.3\text{MPa}$$

$$S_{az}^* = 20 \times 240 \times 410 = 1.968 \times 10^6 \text{mm}^3$$

$$\tau_a = \frac{V_A S_{az}^*}{I_z b} = \frac{670 \times 10^3 \times 1.968 \times 10^6}{2.04 \times 10^9 \times 10} = 64.6\text{MPa}$$

$$\sigma_{r4} = \sqrt{\sigma^2 + 3\tau^2} = 176\text{MPa} > [\sigma]$$

危险截面处 a 点强度不够，故梁不安全。

【例 6-16】 外伸梁如图 6-16 所示，已知 $F = 30\text{kN}$，$q = 45\text{kN/m}$，$M_c = 20\text{kN} \cdot \text{m}$，$[\sigma] = 140\text{MPa}$，试选择工字钢型号。

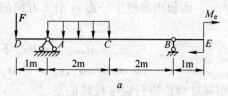

解：支座反力

$$R_A = 100\text{kN} \quad R_B = 20\text{kN}$$

作剪力图弯矩图，得

剪力最大值 $V_{max} = 70\text{kN}$，弯矩最大值 $M_{max} = 30\text{kN} \cdot \text{m}$

由正应力强度条件选择工字钢型号

$$\frac{M_{max}}{W_z} \leq [\sigma], W_z \geq \frac{M_{max}}{[\sigma]} = \frac{30 \times 10^3}{140 \times 10^6} = 0.5 \times 10^{-3}\text{m}^3 = 214.3\text{cm}^3$$

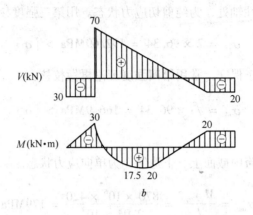

图 6-16

经计算选择 $20a$ 型工字钢梁，$W_z = 237\text{cm}^5 > 214.3\text{cm}^3$

专业词汇

应力 stress　　正应力 positive stress　　切应力 shear stress　　强度 strength　　纯弯曲 pure bending　　静矩 static moment　　主应力 principal stress　　单元体 unit body　　平面弯曲 flat bend

专业训练 6

一、选择题（每题 2 分，共 10 分）

1. 梁在横向力作用下发生平面弯曲时，横截面上最大正应力点和最大切应力点的应力情况是（　　）。

   A. 最大正应力点的切应力一定为零，最大切应力点的正应力不一定为零。

   B. 最大正应力点的切应力一定为零，最大切应力点的正应力也一定为零。

   C. 最大切应力点的正应力一定为零，最大正应力点的切应力不一定为零。

   D. 最大正应力点的切应力和最大切应力点的正应力都不一定为零。

2. 如图 6-17 所示，钢制薄方板 $ABDC$ 的 3 个边刚好置于图示刚性壁内，AC 边受均匀压应力 σ_y，则板内靠壁上一点 m 沿 x 方向的正应变 ε_y 应为（　　）。

   A. $\sigma_x = 0, \varepsilon_x = 0$　　　　　　B. $\sigma_x = 0, \varepsilon_x = +\nu\sigma_y/E$

   C. $\sigma_x = \nu\sigma_y, \varepsilon_x = 0$　　　　D. $\sigma_x = \nu\sigma_y, \varepsilon_x = +\nu\sigma_y/E$

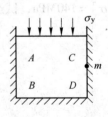

图 6-17

3. 以下四种受力构件，需用强度理论进行强度校核的是（　　）。

   A. 承受水压力作用的无限长水管　　B. 两端封闭的薄壁圆筒

   C. 自由扭转的圆筒　　　　　　　　D. 齿轮传动轴

4. 如图 6-18 所示单元体，已知正应力为 σ，切应力为 $\tau = \dfrac{\sigma}{2}$。下列结果中正确的是（　　）。

   A. $\tau_{max} = \dfrac{3}{4}\sigma, \varepsilon_x = \dfrac{\sigma}{E}$　　　　　　B. $\tau_{max} = \dfrac{3}{2}\sigma, \varepsilon_x = \dfrac{\sigma}{E}(1-\mu)$

   C. $\tau_{max} = \dfrac{1}{2}\sigma, \varepsilon_x = \dfrac{\sigma}{E}$　　　　　　D. $\tau_{max} = \dfrac{1}{2}\sigma, \varepsilon_x = \dfrac{\sigma}{E}\left(1-\dfrac{\mu}{2}\right)$

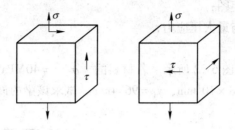

图 6-18

5. 过受力构件内任一点，取截面的不同方位，各个面上（　　）。

　　A. 正应力相同，切应力不同　　　　B. 正应力不同，切应力相同

　　C. 正应力相同，切应力相同　　　　D. 正应力不同，切应力不同

二、填空题（每空 2 分，共 10 分）

1. 在复杂应力状态，应根据_____和_____选择合适的强度理论进行强度计算。

2. 如图 6-19 所示，各单元体（应力单位 MPa）属于何种应力状态？　图 6-19a _____，
图 6-19b _____，图 6-19c _____。

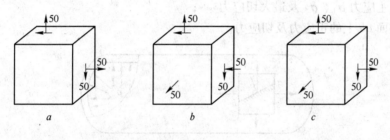

图 6-19

三、计算题（每题 20 分，共 80 分）

1. 用电阻应变测得如图 6-20 所示空心钢轴表面某点处与母线呈 45°方向上的线应变 $\varepsilon = 2.0 \times 10^{-4}$，已知该轴转速为 120r/min，$G = 80$GPa，试求轴所传递的功率 P。

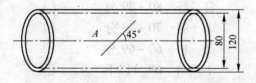

图 6-20

2. 梁的受力及横截面尺寸如图 6-21 所示。试求：

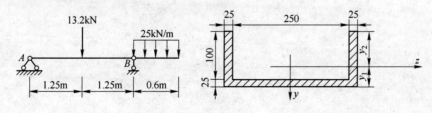

图 6-21

（1）梁的剪力图和弯矩图；

（2）梁内最大拉应力与最大压应力；

（3）梁内最大切应力。

3. T 形截面铸铁悬臂梁如图 6-22 所示。若材料的 $[\sigma^+]=40\text{MPa}$，$[\sigma^-]=160\text{MPa}$，截面对形心轴 z 的 $I_x=1.018\times10^8\text{mm}$，$y_1=96.4\text{mm}$。试求该梁的许永荷载 $[F]$。

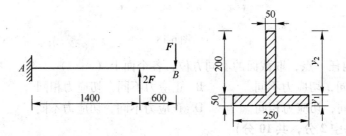

图 6-22

4. 如图 6-23 所示，锅炉的内径 $d=1\text{m}$，壁厚 $\delta=10\text{mm}$，内受蒸汽压力 $p=3\text{MPa}$. 试求：

（1）壁内主应力 σ_1、σ_2 及最大切应力 $\tau_{\max}$；

（2）斜截面 ab 上的正应力及切应力。

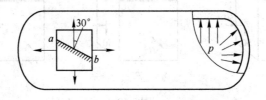

图 6-23

专项训练 6 成绩：

优　秀	90～100 分	☐
良　好	80～89 分	☐
中　等	70～79 分	☐
及　格	60～69 分	☐
不及格	60 分以下	☐

梁 的 变 形

学习指导

【本章知识结构】

知识模块	知识点	掌握程度
梁的变形	梁的挠度曲线方程	掌握
	积分法求梁的变形	掌握
	叠加法求梁的变形	掌握
	梁的刚度计算	掌握
	提高梁刚度的措施	理解

【本章能力训练要点】

能力训练要点	应用方向
积分法和叠加法计算梁的变形	计算梁的挠度和转角
梁的刚度验算	控制梁的刚度条件

7.1 梁的挠曲线方程

7.1.1 挠度

截面形心在垂直于轴线方向的线位移为挠度，以 y 表示。挠度向下为正，向上为负（图 7-1）。

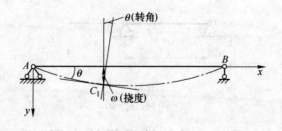

图 7-1

7.1.2 角位移

横截面相对于原来位置转过的角度为角位移，以 θ 表示，亦可以用该截面处的切线与

x 轴的夹角描述。符号规定：以梁轴线为基线，顺时针转动为正，逆时针转动则为负。

7.1.3　梁的挠度曲线

梁的挠曲线的近似微分方程　　　$$\frac{\mathrm{d}^2 y}{\mathrm{d}x^2} = -\frac{M(x)}{EI} \tag{7-1}$$

7.2　积分法求梁的变形

7.2.1　积分法

由挠曲线的近似微分方程，$\dfrac{\mathrm{d}^2 y}{\mathrm{d}x^2} = -\dfrac{M(x)}{EI}$

积分一次：　　　$$\theta = \frac{\mathrm{d}y}{\mathrm{d}x} = y' = -\int \frac{M(x)}{EI}\mathrm{d}x + C \quad （转角方程） \tag{7-2}$$

积分二次：　　　$$y = -\iint \frac{M(x)}{EI}\mathrm{d}x\mathrm{d}x + Cx + D \quad （挠度方程） \tag{7-3}$$

式中，C、D 为积分常数，由梁的约束条件决定。

7.2.2　梁的约束条件

（1）悬臂梁（图 7-2）：

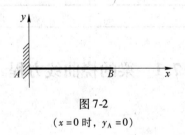

图 7-2

（$x=0$ 时，$y_A = 0$）

（2）简支梁（图 7-3）：

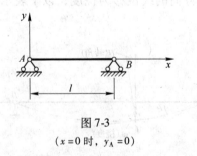

图 7-3

（$x=0$ 时，$y_A = 0$）

7.3　叠加法求梁的变形

7.3.1　叠加法前提

（1）力与位移之间的关系满足胡克定律：挠度、转角与载荷（如 P、q、M）均为一次线性关系。

（2）小变形：轴向位移忽略不计。

7.3.2 叠加原理

在小变形和线弹性范围内，由几个载荷共同作用下梁的任一截面的挠度和转角，应等于每个载荷单独作用下同一截面产生的挠度和转角的代数和。

7.4 梁的刚度计算和提高梁的刚度措施

7.4.1 梁的刚度计算

梁的刚度条件：
$$v_{\max} = [v] \tag{7-4}$$

7.4.2 提高梁的刚度措施

（1）增大梁的刚度。一种方法是采用弹性模量大的材料，例如钢梁就比铝梁的变形小。另一种方法是增大截面的惯性矩，即在截面积相同的条件下，使截面面积分布在离中性轴较远的地方。如工字形截面和空心截面等。

（2）调整梁的跨度和改变结构形式。调整支座位置以减小跨长，或增加辅助梁，都可以减小梁的变形。增加梁的支座，也可以减小梁的变形，并可减小梁的最大弯矩。

7.5 例题详解

【例 7-1】 如图 7-4 所示，在悬臂梁上作用均布荷载 q，梁的抗弯刚度为 EI，用积分法求 B 截面的转角和挠度。

解：
$$M(x) = -\frac{q(l-x)^2}{2} = -\frac{1}{2}ql^2 + qlx - \frac{qx^2}{2}$$

$$EIy'' = \frac{1}{2}ql^2 - qlx + \frac{qx^2}{2}$$

$$EIy' = \frac{1}{2}ql^2x - \frac{1}{2}qlx^2 + \frac{qx^3}{6} + C$$

$$EIy = \frac{1}{4}ql^2x^2 - \frac{1}{6}qlx^3 + \frac{qx^4}{24} + Cx + D$$

边界条件：$x = 0$ 时，$y = 0$，$\theta = 0$。

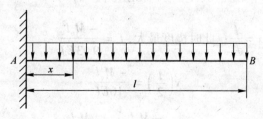

图 7-4

代入以上方程可求得：$C = D = 0$。

所以
$$y = \frac{1}{EI}\left(\frac{1}{4}ql^2x^2 - \frac{1}{6}qlx^3 + \frac{qx^4}{24}\right)$$

$$\theta = y' = \frac{1}{EI}\left(\frac{1}{2}ql^2x - \frac{1}{2}qlx^2 + \frac{1}{6}qx^3\right)$$

$$\theta_B = \frac{1}{6EI}ql^3, y_B = \frac{1}{8EI}ql^4$$

【例 7-2】　如图 7-5 所示，简支梁的 B 端作用一集中力偶，梁的抗弯刚度为 EI，试用积分法求 A、B 截面转角 θ_A 和 θ_B。

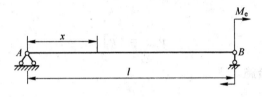

图 7-5

解：

$$M(x) = -\frac{M_e}{l}x$$

$$EIy'' = -M(x) = \frac{M_e}{l}x$$

$$EIy' = \frac{M_e}{2l}x^2 + C$$

$$EIy = \frac{M_e}{6l}x^3 + Cx + D$$

边界条件：$x = 0$　　$y = 0$　　所以　$D = 0$

　　　　　　$x = l$　　$y = 0$　　所以　$C = \dfrac{-M_0 l}{6}$

所以
$$y = -\frac{M_e l^2}{6EI}\left(\frac{x}{l} - \frac{x^3}{l^3}\right)$$

所以
$$\theta = y' = -\frac{M_e l^2}{6EI}\left(\frac{1}{l} - \frac{3x^2}{l^3}\right)$$

当 $y' = 0$ 时，可得 $x = \dfrac{l}{\sqrt{3}}$；此时挠度最大，$f = \dfrac{-M_e l^2}{9\sqrt{3}EJ}$

中点挠度，
$$y\left(\frac{l}{2}\right) = \frac{-M_e l^2}{16EI}$$

$$\theta_A = \frac{-M_e l}{6EI}, \theta_B = \frac{M_e l}{3EI}$$

【例7-3】 如图 7-6 所示,简支梁的 B 端作用一集中力偶 M_e,梁的抗弯刚度为 EI,试用积分法求 A 和 B 截面的转角 θ_A 和 θ_B,再求 C 截面的挠度 y_c。

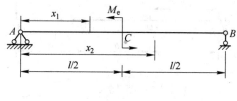

图 7-6

解: 分析可知,AC 段和 BC 段的弯矩方程类似,仅相差负号。

AC 段:当 $0 \leqslant x_1 \leqslant l/2$ 时

$$M(x_1) = \frac{M_e}{l} x_1$$

$$EIy_1'' = -M(x_1) = -\frac{M_e}{l} x_1$$

$$EIy_1' = -\frac{M_e}{2l} x_1^2 + C_1$$

$$EIy_1 = -\frac{M_e}{6l} x_1^3 + C_1 x_1 + D_1$$

BC 段:当 $l/2 \leqslant x_2 \leqslant l$ 时

$$M(x_2) = -\frac{M_e}{l}(l - x_2)$$

$$EIy_2'' = -M(x_2) = \frac{M_e}{l}(l - x_2)$$

$$EIy_2' = -\frac{M_e}{2l} x_2{}^2 + M_e x_2 + C_2$$

$$EIy_2 = -\frac{M_e}{6l} x_2{}^3 + \frac{M_e}{2} x_2{}^2 + C_2 x_2 + D_2$$

边界条件:$x_2 = l \qquad y_2 = 0$

$\qquad\qquad x_1 = 0 \qquad y_1 = 0 \qquad$ 所以 $D_1 = 0$

而在 C 点,AC 段和 BC 段的挠度和转角相等,根据以上条件,推出

所以
$$y_1 = -\frac{M_e}{6EI}\left(\frac{x^3}{l} - \frac{lx}{4}\right)$$

所以
$$\theta = y_1' = -\frac{M_e}{6EI}\left(\frac{3x^2}{l} - \frac{l}{4}\right)$$

$$x_1 = 0 \qquad \theta_A = \frac{M_e l}{24EI}$$

$$x_1 = l/2 \qquad y_1 = y_2 = 0$$

同理可知,$\theta_B = \dfrac{M_e l}{24EI}$。

【例 7-4】　用积分法求图 7-7 所示的外伸梁的 θ_A、y_c 和 y_D。

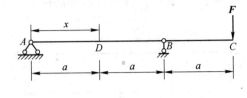

图 7-7

解：

AB：

$$M(x) = -\frac{F}{2}x$$

$$EIy''_1 = \frac{F}{2}x$$

$$EIy'_1 = EI\theta_1 = \frac{F}{4}x^2 + C_1$$

$$EIy_1 = \frac{F}{12}x^3 + C_1x + D_1$$

BC：

$$M(x) = -\frac{F}{2}x + \frac{3F}{2}(x - 2a) = Fx - 3Fa$$

$$EIy''_2 = 3Fa - Fx$$

$$EIy'_2 = EI\theta_2 = 3Fax - \frac{F}{2}x^2 + C_2$$

$$EIy_2 = -\frac{F}{6}x^3 + \frac{3}{2}Fax^2 + C_2x + D_2$$

连续条件：$x = 2a$，$\theta_1 = \theta_2$
支撑条件：

$$x = 0 \text{ 处，} y_1 = 0 \qquad\qquad x = 2a \text{ 处，} y_1 = y_2 = 0$$

得　　　　$C_1 = -\frac{Fa^2}{3}, D_1 = 0 \qquad C_2 = -\frac{10Fa^2}{3}, D_2 = 2Fa^3$

$$\theta_1 = \frac{Fx^2}{4EI} - \frac{Fa^2}{3EI} \qquad\qquad \theta_2 = \frac{3Fax}{EI} - \frac{Fx^2}{2EI} - \frac{10Fa^2}{3EI}$$

$$y_1 = \frac{Fx^3}{12EI} - \frac{Fa^2x}{3EI} \qquad\qquad y_2 = -\frac{Fx^3}{6EI} - \frac{3Fax^2}{2EI} - \frac{Fa^2x}{3EI} + \frac{2Fa^3}{EI}$$

$$x = 0,\ \theta_A = -\frac{Fa^2}{3EI}$$

$$x = a,\ y_D = \frac{Fa^3}{4EI}$$

$$x = 3a,\ y_C = \frac{Fa^3}{EI}$$

【例7-5】 用叠加法求图7-8所示的外伸梁的 θ_c 和 y_c。

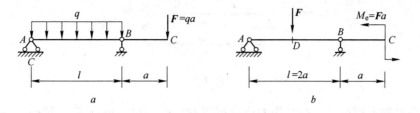

图7-8

解：

图7-8a：

$$\theta_B = -\frac{ql^3}{24EI} + \frac{qa^2l}{3EI}$$

$$\theta_c = \frac{qa^3}{2EI} + \theta_B = -\frac{ql^3}{24EI} + \frac{Fa^2}{6EI}(2l + 3a)$$

$$y_c = \frac{Fa^3}{3EI} \cdot \theta_B \cdot a = -\frac{ql^3}{24EI} \cdot a + \frac{qa^3}{3EI}(l + a)$$

图7-8b：

其中，图（1）
$$\theta_B = -\frac{Fl^2}{16EI}$$

图（2）
$$\theta_c = \frac{-M_e}{3EI}(l + 3a), y_c = -\frac{M_e a}{6EI}(2l + 3a)$$

$$y_c = -\frac{Fl^2}{16EI}a - \frac{M_e a}{6EI}(2l + 3a) = -\frac{17Fa^3}{12EI}$$

$$\theta_c = -\frac{Fl^2}{16EI} - \frac{M_e}{3EI}(l + 3a) = -\frac{23Fa}{12EI}$$

【例7-6】 用叠加法求图7-9所示的简支梁最大挠度 y_{max}。

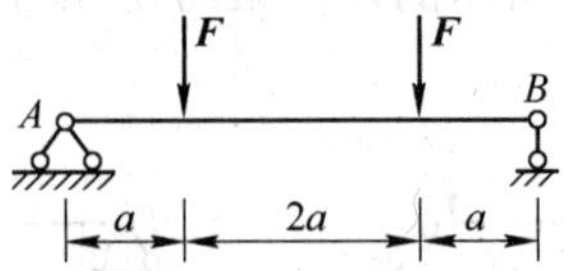

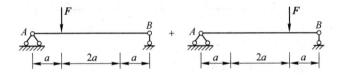

图 7-9

解： 由叠加原理可知，原结构的挠度可以看成两个单独荷载 **F** 引起挠度的叠加（图 7-10）。

$$w_1 = \frac{Fa}{48EI}[3(4a)^2 - 4a^2] = \frac{11Fa^3}{12EI}$$

$$w_2 = \frac{Fa}{48EI}[3(4a)^2 - 4a^2] = \frac{11Fa^3}{12EI}$$

$$w = w_1 + w_2 = \frac{11Fa^3}{6EI}$$

图 7-10

【**例 7-7**】　如图 7-11 所示木桁条，横截面为圆形，跨度 $l = 4\text{m}$，两端可视为简支，作用均布荷载 $q = 1.82\text{kN/m}$，材料的容许应力 $[\sigma] = 10\text{MPa}$，弹性模量 $E = 10^4\text{MPa}$，允许挠度 $[y] = l/200$，试求梁横截面所需的直径。计算挠度时，桁条可视作直径为中径的等直圆杆。

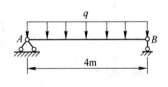

图 7-11

解： 查表可知此木桁条的最大挠度为 $y = \dfrac{5}{384}\dfrac{ql^4}{EI}$

$$\frac{5}{384}\frac{ql^4}{EI} = \frac{l}{200}$$

$$d^4 = \frac{64ql^3}{384\pi \times 10^7}$$

$$\sigma = \frac{M}{W} = \frac{ql^2}{8} \cdot \frac{32}{\pi d^3} = [\sigma] = 10^7$$

$$d^3 = \frac{4ql^2}{10^7 \times \pi}$$

$$d = 0.158\text{m}$$

【**例 7-8**】　如图 7-12 所示，木梁的右端由钢拉杆支撑，已知木梁为正方形截面，边长 $a = 0.20\text{m}$，$E = 10^4\text{MPa}$，拉杆横截面面积 $A_2 = 250\text{mm}^2$，$E_2 = 2.1 \times 10^5\text{MPa}$。试求钢拉杆的伸长 Δl_2 和梁中点向下的位移。

解：

（1）求钢拉杆的伸长 Δl_2：

由对称性可知，$R_A = N_B = \frac{1}{2} \times (40 \times 2) = 40\text{kN}$

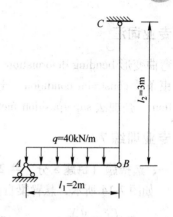

$$\Delta l_2 = \frac{N_B l_2}{E_2 A_2} = \frac{40\text{kN} \times 3\text{m}}{210 \times 10^6 \text{kN/m}^2 \times 250 \times 10^{-6}}$$

$$= 2.2857 \times 10^{-3} \text{m}$$

$$= 2.286\text{mm}$$

（2）求梁的中点挠度：不考虑钢拉杆的伸长，只考虑分布荷载的影响时

图 7-12

$$\omega_{Cq} = \frac{5ql_1^4}{384E_1 I} = \frac{5 \times 40\text{kN/m} \times 2^4 \text{m}^4}{384 \times 10 \times 10^6 \text{kN/m}^2 \times \dfrac{0.2 \times 0.2^3 \text{m}^4}{12}}$$

$$= 6.25 \times 10^{-3}\text{m} = 6.25\text{mm}$$

由拉杆伸长引起的跨中挠度为：

$$\omega_{CN_B} = \frac{1}{2} \times 2.286 = 1.143\text{mm}$$

故梁的跨中挠度为：$\omega_C = \omega_{Cq} + \omega_{CN_B} = 6.25 + 1.143 = 7.393\text{mm}$

【例7-9】 如图 7-13 所示，直角拐 AB 与 AC 轴刚性连接，A 处为一轴承（C 端固定），允许 AC 轴的 A 截面在轴承内自由转动，但不能上下移动。已知 $F = 60\text{N}$，$E = 2.1 \times 10^5 \text{MPa}$，$G = 0.4E$，试求截面 B 的垂直位移。

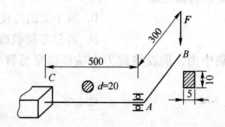

图 7-13

解：

扭转引起的位移：
$$\phi = \frac{0.3F0.5}{GI_P}$$

$$w_1 = 0.3\phi$$

AB 弯曲引起的位移：
$$w_2 = \frac{F0.3^3}{3EI}$$

$$w = w_1 + w_2 = 8.22\text{mm}$$

专业词汇

弯曲变形 bending deformation　　弯矩 bending moment　　曲率 curvature　　挠度 deflection　　约束条件 constraint condition　　连续条件 continuity condition　　叠加原理 principle of superposition　　叠加法 superposition method　　刚度 Stiffness

专业训练 7

一、选择题（每题 5 分，共 25 分）

1. 如图 7-14 所示，悬臂梁自由端 B 的挠度为（　　）。

A. $\dfrac{ma\left(l-\dfrac{a}{2}\right)}{EI}$　　　B. $\dfrac{ma^3\left(l-\dfrac{a}{2}\right)}{EI}$　　　C. $\dfrac{ma}{EI}$　　　D. $\dfrac{ma^2\left(l-\dfrac{a}{2}\right)}{EI}$

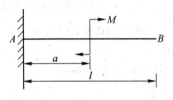

图 7-14

2. 桥式起重机的主钢梁，设计成两段外伸梁较简支梁有利，其理由是（　　）。
   A. 减小了梁的最大挠度值　　　　　　　　B. 增大了梁的最大弯矩值
   C. 减小了梁的最大弯矩值　　　　　　　　D. 增大了梁的抗弯刚度值

3. 利用积分法求梁的变形，不需要用到（　　）来确定积分常数。
   A. 平衡条件　　　　B. 边界条件　　　　C. 连续性条件　　　D. 光滑性条件

4. 下列哪种措施不能提高梁的弯曲刚度（　　）。
   A. 增大梁的抗弯刚度　　　　　　　　　　B. 减小梁的跨度
   C. 增加支撑　　　　　　　　　　　　　　D. 将分布荷载改为几个集中荷载

5. 悬臂梁在自由端处作用集中力，假设将此力由端部移至悬臂梁的中部，此时自由端的转角是原先的（　　）。
   A. 1/2　　　　　　B. 1/4　　　　　　C. 1/8　　　　　　D. 1/16

二、计算题（共 75 分）

1. 如图 7-15 所示，用积分法求图示各悬臂梁自由端的挠度和转角，梁的抗弯刚度 EI 为常量。（20 分）

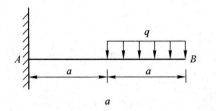

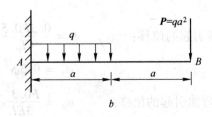

图 7-15

2. 如图 7-16 所示，简支梁中段受均布载荷 q 作用，试用叠加法计算梁跨度中点 C 的挠度 y_C，梁的抗弯刚度 EI 为常数。（15 分）

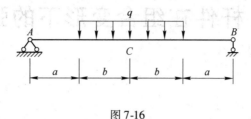

图 7-16

3. 如图 7-17 所示，用叠加法求图示外伸梁外伸端的挠度和转角，设 EI 为常量。（20 分）

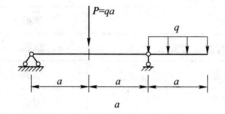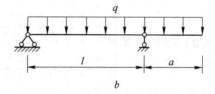

图 7-17

4. 外伸梁受力及尺寸如图 7-18 所示，欲使集中力 P 作用点处 D 的挠度为零，试求 P 与 ql 间的关系。（20 分）

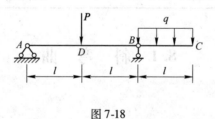

图 7-18

专项训练 7 成绩：

优　秀　90 ~ 100 分　☐
良　好　80 ~ 89 分　☐
中　等　70 ~ 79 分　☐
及　格　60 ~ 69 分　☐
不及格　60 分以下　☐

8 杆件在组合变形下的强度计算

学习指导

【本章知识结构】

知识模块	知识点	掌握程度
组合变形下的强度计算	斜弯曲	掌握
	拉伸（压缩）与弯曲组合变形	掌握
	偏心压缩	掌握
	截面核心	理解

【本章能力训练要点】

能力训练要点	应用方向
斜弯曲、拉伸（压缩）弯曲组合、偏心压缩	验算杆件在组合变形下的强度

8.1 斜 弯 曲

8.1.1 组合变形

实际工程中，杆件只发生基本变形的情况是有限的，由于受力情况复杂，杆件会发生包含两种或两种以上基本变形的复杂变形，这类杆件称为组合变形杆件。在小变形和材料服从胡克定律的前提下，组合变形中每一种基本变形所引起的应力和变形都是各自独立、互不影响的。因此，叠加法是解决组合变形问题的基本方法。

8.1.2 斜弯曲

当横向力通过弯曲中心，但与形心主轴不平行或外力偶矩矢与形心主轴不一致时，则梁发生由两个形心主惯性平面内的弯曲变形组合而成的斜弯曲。

8.1.3 强度条件

$$\sigma_{\min}^{\max} = \frac{M_{zmax}}{W_z} + \frac{M_{ymax}}{W_y} \leq [\sigma] \tag{8-1}$$

8.2 拉伸（压缩）与弯曲组合变形

8.2.1 拉伸（压缩）与弯曲组合变形的概念

当杆件上同时作用有横向力 $\boldsymbol{F}'$ 和轴向力 $\boldsymbol{T}$ 时，杆件将发生弯曲与拉伸的组合变形。

8.2.2 拉伸（压缩）与弯曲组合变形强度条件

$$\sigma_{max} = \frac{F_N}{A} + \frac{M_{max}}{W_Z} \leqslant [\sigma] \tag{8-2}$$

8.3 偏心压缩

偏心压缩概念：当外力与轴线平行但不重合时，发生的拉（压）弯组合变形，可分为单向偏心压缩和双向偏心压缩，如图 8-1 所示。

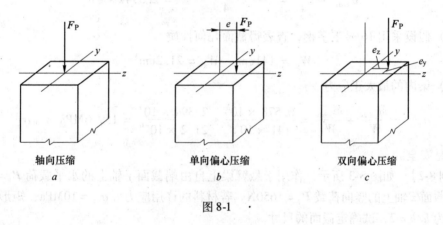

轴向压缩	单向偏心压缩	双向偏心压缩
a	b	c

图 8-1

8.4 例题详解

【例 8-1】 如图 8-2 所示工字梁两端简支，集中载荷 $P = 7\text{kN}$，作用于跨中，通过截面形心并与 z 轴呈 20°。若 $[\sigma] = 160\text{MPa}$，试选择工字钢的型号（提示：可先假定 W_z/W_y 的比值，选型号，然后再校核强度）。

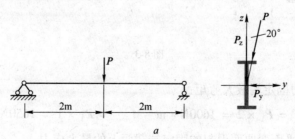

a

解：（1）将 P 力向 y 轴和 z 轴分解

$$P_z = P\cos20° = 7 \times \cos20° = 6.578\text{kN}$$

$$P_y = P\sin20° = 7 \times \sin20° = 2.394\text{kN}$$

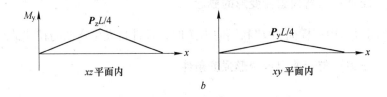

图 8-2

（2）画出梁在 xz 平面和 xy 平面内弯曲时的内力图

$$M_{ymax} = \frac{P_z L}{4} = \frac{6.578 \times 10^3 \times 4}{4} = 6.578\text{kN} \cdot \text{m}$$

$$M_{zmax} = \frac{P_y L}{4} = \frac{2.394 \times 10^3 \times 4}{4} = 2.394\text{kN} \cdot \text{m}$$

（3）假设采用 16 号工字钢，查表得截面几何性质

$$W_y = 141\text{cm}^3 \quad W_z = 21.2\text{cm}^3$$

（4）梁内的最大正应力

$$\sigma_{max} = \frac{M_{ymax}}{W_y} + \frac{M_{zmax}}{W_z} = \frac{6.578 \times 10^3}{141 \times 10^{-6}} + \frac{2.394 \times 10^3}{21.2 \times 10^{-6}} = 159.6\text{MPa} < [\sigma]$$

梁是安全的。

【**例 8-2**】 如图 8-3 所示，作用于悬臂梁上自由端截面 y 轴上的水平载荷 $P_1 = 800\text{N}$，在中间截面 z 轴上的竖向荷载 $P_2 = 1650\text{N}$。若材料的许用应力 $[\sigma] = 10\text{MPa}$，矩形截面边长之比为 $h/b = 2$，试确定截面的尺寸。

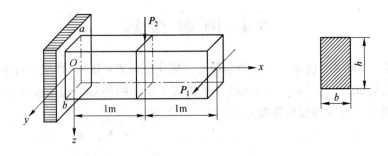

图 8-3

解：（1）求内力固定端最大弯矩：

$$M_{zmax} = P_1 \times 2 = 1600\text{N} \cdot \text{m} \quad M_{ymax} = P_2 \times 1 = 1650\text{N} \cdot \text{m}$$

（2）求梁在 xy 平面弯曲而引起的固定端截面上的最大应力：

$$\sigma'_{max} = \frac{M_{zmax}}{W_z} = \frac{M_{zmax}}{hb^2/6} = \frac{3M_{zmax}}{b^3}$$

梁在 xz 平面弯曲而引起的固定端截面上的最大应力为：

$$\sigma''_{max} = \frac{M_{ymax}}{W_z} = \frac{M_{ymax}}{hb^2/6} = \frac{1.5M_{ymax}}{b^3}$$

（3）强度计算：固定端截面上 a 点是最大拉应力点，b 点是最大压应力点，应力数值大小为：

$$\sigma_{max} = \sigma'_{max} + \sigma''_{max} = [\sigma]$$

$$\frac{3M_{zmax}}{b^3} + \frac{1.5M_{ymax}}{b^3} = [\sigma]$$

$$b = \sqrt[3]{\frac{3M_{zmax} + 1.5M_{ymax}}{[\sigma]}} = \sqrt[3]{\frac{3 \times 1600 + 1.5 \times 1650}{10 \times 10^6}} = 90mm$$

$$h = 180mm$$

【例 8-3】 如图 8-4 所示，人字架承受集中力 $F = 250kN$，截面为 T 形，试求距 C 点 300mm 处的 Ⅰ—Ⅰ 截面上的最大正应力及 Ⅰ—Ⅰ 截面上 A 点的正应力。

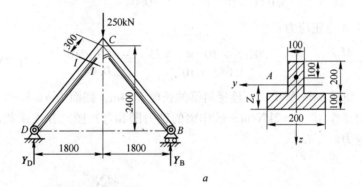

a

解：（1）受力分析，求约束力：

$$Y_D = Y_B = 125kN$$

（2）截开 Ⅰ—Ⅰ 截面，取左面部分：

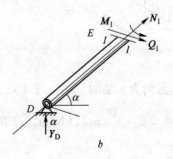

b

图 8-4

$$N_1 = - Y_D \sin\alpha = -125 \times \frac{4}{5} = -100\text{kN}$$

$$M_1 = Y_D \cos\alpha \times DE = 125 \times \frac{3}{5} \times (\sqrt{1.8^2 + 2.4^2} - 0.3) = 202.5\text{kN} \cdot \text{m}$$

（3）截面的几何性质：

$$A = 2 \times 0.1 \times 0.2 = 0.04\text{m}^2$$

$$Z_c = \frac{200 \times 100 \times 50 + 100 \times 200 \times 200}{0.04 \times 10^6} = 125\text{mm}$$

$$I_y = \int_{25}^{125} z^2 \times 200 \text{d}z + \int_{-175}^{25} z^2 \times 100 \text{d}z$$

$$= 200 \times \frac{125^3 - 25^3}{3} + 100 \times \frac{25^3 - (-175)^3}{3}$$

$$= 3.083 \times 10^8 \text{mm}^4$$

（4）截面上最大拉应力和最大压应力：

$$\sigma_{\text{cmax}} = \frac{M_1(0.3 - Z_c)}{I_Y} + \frac{N_1}{A} = \frac{2025 \times 10^3 \times (0.3 - 0.125)}{3.083 \times 10^{-4}} + \frac{-100 \times 10^3}{0.04} = -117.4\text{MPa}$$

$$\sigma_{\text{tmax}} = \frac{M_1 Z_c}{I_y} + \frac{N_1}{A} = \frac{202.5 \times 10^3 \times 0.125}{3.083 \times 10^{-4}} + \frac{-100 \times 10^3}{0.04} = 79.6\text{MPa}$$

（5）截面上 A 点正应力：

$$\sigma_A = \frac{M_1 Z_A}{I_y} + \frac{N_1}{A} = \frac{202.5 \times 10^3 \times 0.075}{3.083 \times 10^{-4}} + \frac{-100 \times 10^3}{0.04} = -51.7\text{MPa}$$

【例 8-4】 如图 8-5a 所示，一楼梯料梁的长度 $l = 4\text{m}$，截面为 $b \times h = 0.1\text{m} \times 0.2\text{m}$ 的矩形，受均布荷载作用，$q = 2\text{kN/m}$。试作梁的轴力图和弯矩图，并求横截面上的最大拉应力与最大压应力。

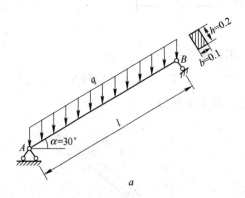

a

解： 以 A 为坐标原点，AB 方向为 x 轴的正向。过 A 点，倾斜朝下方向为 y 轴的正向。

$$q_x = q\sin30° = 2 \times \frac{1}{2} = 1(\text{kN/m}) \quad （负 \, x \, 方向）$$

$$q_y = q\cos30° = 2 \times \frac{\sqrt{3}}{2} = \sqrt{3}(\text{kN/m}) \quad （正 \, y \, 方向）$$

A、B 支座的反力为（见表 8-1）：　　　$X_A = 4\text{kN}$，$Y_A = R_B = 2\sqrt{3}\text{kN}$

AB 杆的轴力：　　　$N(x) = -q_x(4-x) = x - 4$

AB 杆的弯矩：　　　$M(x) = 2\sqrt{3}x - \dfrac{1}{2}q_y x^2 = 2\sqrt{3}x - \dfrac{\sqrt{3}}{2}x^2$

表 8-1

x	0	1	2	3	4
N	-4	-3	-2	-1	0
M	0	2.598	3.464	2.598	0

AB 杆的轴力图与弯矩图如图 8-5b、c 所示。

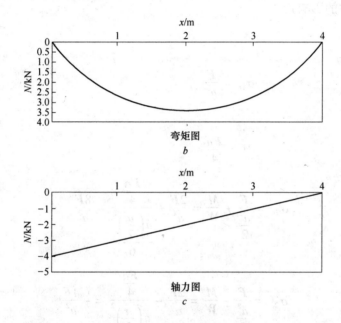

弯矩图

b

轴力图

c

图 8-5

$$\sigma_t(x) = \frac{M(x)}{W_z} - \frac{N(x)}{A} = \frac{(3.464x - 0.866x^2)\text{kN}\cdot\text{m}}{\dfrac{1}{6}\times 0.1 \times 0.2^2\text{m}^3} - \frac{(4-x)\text{kN}}{0.1\times 0.2\text{m}^2}$$

$$= 1500(3.464x - 0.866x^2) - 50(4-x)$$

$$= 5196x - 1299x^2 - 200 + 50x$$

$$= -1299x^2 + 5246x - 200\,(\text{kPa})$$

令 $\dfrac{\mathrm{d}\sigma_t(x)}{\mathrm{d}x} = -2598x + 5246 = 0$，得：当 $x = 2.019\text{m}$ 时，拉应力取最大值：

$$\sigma_{t\max} = -1299 \times 2.019^2 + 5246 \times 2.019 - 200 = 5096.5\text{kPa} \approx 5.097\text{MPa}$$

$$\sigma_c(x) = -\frac{M(x)}{W_z} - \frac{N(x)}{A} = -\frac{(3.464x - 0.866x^2)\text{kN}\cdot\text{m}}{\dfrac{1}{6}\times 0.1 \times 0.2^2\text{m}^3} - \frac{(4-x)\text{kN}}{0.1\times 0.2\text{m}^2}$$

$$= -1500(3.464x - 0.866x^2) - 50(4 - x)$$

$$= -5196x + 1299x^2 - 200 + 50x$$

$$= 1299x^2 - 5146x - 200$$

令 $\dfrac{\mathrm{d}\sigma_t(x)}{\mathrm{d}x} = 2598x - 5146 = 0$，得：当 $x = 1.981\mathrm{m}$ 时，压应力取最大值：

$$\sigma_{\mathrm{cmax}} = 1299 \times 1.981^2 - 5146 \times 1.981 - 200 = -5296.5\mathrm{kPa} \approx -5.297\mathrm{MPa}$$

【例 8-5】　有一拉杆如图 8-6 所示，截面原为边长 a 的正方形，拉力 F 与杆轴线重合。后因使用上的需要，在杆长的某一段范围内开一 $a/2$ 宽的切口，如图所示。求 $m - m$ 截面上的最大拉应力和最大压应力，并问此最大拉应力是截面削弱以前的拉应力值的几倍（不考虑应力集中的影响）？

解：

截面削弱前

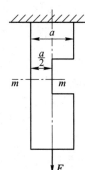

$$\sigma_{1\mathrm{t}} = \frac{F}{a^2}$$

截面削弱后

$$M = \frac{Fa}{4}$$

$$\sigma_{2\mathrm{t}} = \frac{F}{\dfrac{a^2}{2}} + \frac{M}{W} = \frac{2F}{a^2} + \frac{\dfrac{Fa}{4}}{\dfrac{a\left(\dfrac{a}{2}\right)^2}{6}} = \frac{8F}{a^2}$$

图 8-6

$$\sigma_{2\mathrm{c}} = \frac{F}{\dfrac{a^2}{2}} - \frac{M}{W} = \frac{2F}{a^2} - \frac{\dfrac{Fa}{4}}{\dfrac{a\left(\dfrac{a}{2}\right)^2}{6}} = -\frac{4F}{a^2}$$

对比可知，截面削弱后最大拉应力是削弱前的拉应力的 8 倍。

【例 8-6】　如图 8-7 所示，有一座高为 1.2m、厚为 0.3m 的钢筋混凝土墙，浇筑在牢固的基础上，作挡水坝用。已知水的密度为 $\rho_0 = 1000\mathrm{kg/m}^3$，混凝土密度为 $\rho_1 = 2450\mathrm{kg/m}^3$。

（1）当水位达到坝顶时，试求坝底处截面的最大拉应力和最大压应力。

（2）如果要求柱不出现拉应力，截面高度 h 应该是多少？

解：　水压为：

$$q_0 = \rho_w gh = 1.00 \times 10^3 \times 9.8 \times 1.2 = 11.76\mathrm{kN/m}$$

混凝土对墙底的压力为：

$$F = \rho ghb = 2.45 \times 10^3 \times 9.8 \times 1.2 \times 0.3 = 8.64\mathrm{kN}$$

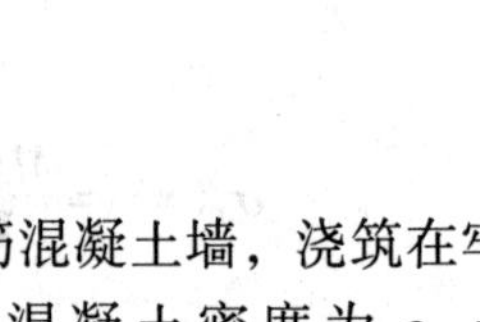

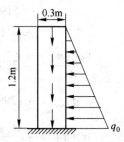

图 8-7

墙坝的弯曲截面系数：

$$W = \frac{1}{6} \times 1 \times 0.3^2 = 1.5 \times 10^{-2} m^3$$

墙坝的截面面积：

$$A = 0.3 \times 1 = 0.3 m^2$$

墙底处的最大拉应力 σ_{tmax} 和最大压应力 σ_{cmax} 分别为：

$$\sigma_{tmax} = \frac{\frac{1}{2}q_0 h \frac{h}{3}}{W} - \frac{F}{A}$$

$$= \left(\frac{11.76 \times 1.2^2 \times 10^3}{6 \times 1.5 \times 10^{-2}} - \frac{8.64 \times 10^3}{0.3} \right) \times 10^{-6} MPa$$

$$= 0.188 - 0.0288 = 0.159 MPa$$

$$\sigma_{cmax} = 0.188 + 0.0288 = 0.217 MPa$$

当要求混凝土中没有拉应力时：

$$\frac{\frac{1}{2}q_0 h \frac{h}{3}}{W} - \frac{F}{A} = \frac{\frac{1}{2}\rho_w g h h \frac{h}{3}}{W} - 28.8 \times 10^3 = 0$$

即

$$\frac{9.8 \times 10^3 \times h^3}{6 \times 1.5 \times 10^{-2}} - 28.8 \times 10^3 = 0$$

$$h = 0.642 m$$

【例 8-7】　图 8-8 所示为一矩形截面柱，$b = 18cm$，$h = 30cm$，$F_1 = 100kN$，$F_2 = 45kN$。F_2 与轴线有一个偏心距 $e_F = 20cm$。（1）试求最大拉压应力。（2）如果要求的柱截面内不出现拉应力，问截面高度 h 应为多少？此时的最大剪应力为多大？

解：

（1）Ⅰ—Ⅰ 截面上内力为：

$$F_N = F_1 + F_2 = 100 + 45 = 1.45 \times 10^5 N$$

$$M_y = F_2 e_F = 45 \times 200 = 9000 kN \cdot mm$$

$$= 9 \times 10^6 N \cdot mm$$

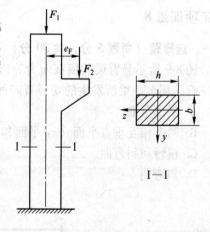

图 8-8

截面的几何性：

$$A = bh = 180 \times 300 = 5.4 \times 10^4 mm^2,$$

$$W_y = \frac{bh^2}{6} = \frac{180 \times 300^2}{6} = 2.7 \times 10^6 mm^3$$

$$\sigma' = \frac{F_N}{A} = \frac{1.45 \times 10^5}{5.4 \times 10^4} = 2.685 MPa$$

$$\sigma'' = \frac{M_y}{W_y} = \frac{9 \times 10^6}{2.7 \times 10^6} = 3.333\text{MPa}$$

$$\sigma^+_{max} = \sigma'' - \sigma' = 3.333 - 2.685 = 0.648\text{MPa}$$

$$\sigma^-_{max} = \sigma'' + \sigma' = 3.333 + 2.685 = 6.02\text{MPa}$$

（2）如果柱截面内不出现拉应力，则有：

$$\sigma^+_{max} = \sigma_M - \sigma_N = 0$$

$$W_y = \frac{bh^2}{6} = \frac{180h^2}{6} = 30h^2, \sigma_M = \frac{9 \times 10^6}{30h^2}$$

$$A = bh = 180h, \sigma_N = \frac{1.45 \times 10^5}{180h}$$

分别代入公式得：

$$\frac{910^6}{30h^2} - \frac{1.45 \times 10^5}{180h} = 0$$

解得： $\qquad h = 372.4\text{mm}$

此时柱内的最大压应力为：$\sigma^-_{max} = \sigma_M + \sigma_N = 2.163 + 2.163 = 4.33\text{MPa}$

专业词汇

组合变形 combined deformation　偏心压缩 eccentric compression　弯曲 bending　压缩 compressing　斜弯曲 unsymmetrical bending　平面弯曲 plane bending　拉伸 stretch　截面核心 core of section

专项训练 8

一、选择题（每题 5 分，共 30 分）

1. 图 8-9 所示悬臂梁的横截面为等边角钢，外力 **F** 垂直于梁轴，其作用线与形心轴 y 重合，那么该梁所发生的变形有四种答案，正确的是（　　）。

　A. 平面弯曲

　B. 两个相互垂直平面（xy 平面和 xz 平面）内的平面弯曲

　C. 扭转和斜弯曲

　D. 斜弯曲

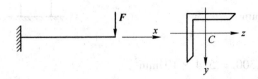

图 8-9

2. 图 8-10 所示杆件，最大压应力发生在截面上的哪一点，正确的是（　　）。

　A. A 点　　　　　B. B 点　　　　　C. C 点　　　　　D. D 点

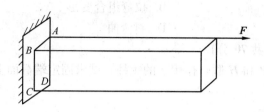

图 8-10

3. 一空间折杆受力如图 8-11 所示，则 AB 杆的变形为（　　）。
   A. 偏心拉伸　　　　　　　　　　B. 纵横弯曲
   C. 弯扭组合　　　　　　　　　　D. 拉、弯、扭组合

图 8-11

4. 如图 8-12 所示，正方形截面直柱受纵向力 **F** 的压缩作用。问当 **F** 力作用点由 A 点移至 B 点时柱内最大压应力的比值为多少？
   A. 1∶2　　　　　B. 2∶5　　　　　C. 4∶7　　　　　D. 5∶2

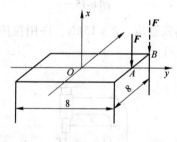

图 8-12

5. 如图 8-13 所示矩形截面偏心受压杆发生的变形为（　　）。
   A. 轴向压缩和平面弯曲组合
   B. 轴向压缩，平面弯曲和扭转组合
   C. 轴向压缩和斜弯曲组合
   D. 轴向压缩，斜弯曲和扭转组合

6. 一端固定的折杆 ABC，在 C 点作用集中力 **F**，力 **F** 的方向如图 8-14 所示（其作用面与 ABC 平面垂直）。ABC 段的变形为（　　）。

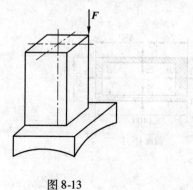

图 8-13

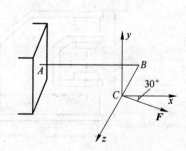

图 8-14

A. 弯扭组合变形　　　　　　　B. 拉弯组合变形

C. 拉弯扭组合变形　　　　　　D. 斜弯曲

二、计算题（共 4 题，共 70 分）

1. 图 8-15 所示为在力 P 和 H 联合作用下的短柱。试求固定端截面上角点 A、B、C、D 的正应力。（15 分）

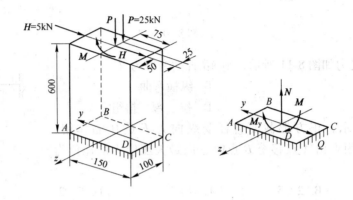

图 8-15

2. 图 8-16 所示钻床的立柱由铸铁制成，$P = 15\text{kN}$，许用拉应力为 $[\sigma_t] = 35\text{MPa}$。试确定立柱所需要的直径 d。（15 分）

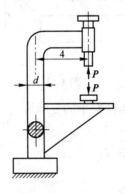

图 8-16

3. 单臂液压机架及其立柱的横截面尺寸如图 8-17 所示。$P = 1600\text{kN}$，材料的许用应力 $[\sigma] = 160\text{MPa}$。试校核立柱的强度。（20 分）

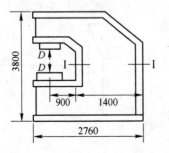

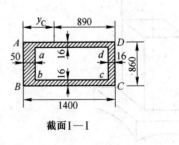

截面 I—I

图 8-17

4. 图 8-18 所示手摇铰车的轴直径 $d = 30\text{mm}$，材料为 Q235 钢，$[\sigma] = 80\text{MPa}$。试按第三强度理论求铰车的最大起重量 P。（20 分）

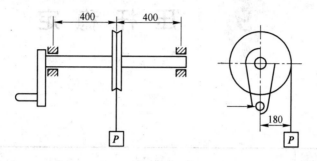

图 8-18

专项训练 8 成绩：

优　秀	90～100 分	☐
良　好	80～89 分	☐
中　等	70～79 分	☐
及　格	60～69 分	☐
不及格	60 分以下	☐

9 压 杆 稳 定

学习指导

【本章知识结构】

知识模块	知识点	掌握程度
压杆稳定	压杆稳定的概念	掌握
	细长压杆临界力的欧拉公式	掌握
	长度系数和柔度的概念，压杆的临界应力总图	掌握
	压杆的稳定性校核	掌握
	提高压杆稳定性的措施	理解

【本章能力训练要点】

能力训练要点	应用方向
安全系数法和折减系数法	验算压杆稳定性

9.1　压杆稳定的相关概念

9.1.1　工程中的稳定问题

（1）中心受压杆：随着荷载增大直到杆件被拉断，杆件的轴线始终保持原有的直线状态。

（2）失稳：直线状态的细长中心受压杆，当荷载超过某一数值时，突然弯曲，改变了原来的变形性质，由压缩变形转化为压弯变形。

9.1.2　压杆的稳定平衡和不稳定平衡

9.1.2.1　平衡的三种状态

（1）如果物体由于某种原因偏离它原有的平衡位置，一旦这种原因消除后，它能够回到原有的位置，称为稳定平衡状态。

（2）如果物体由于某种原因偏离它原有的平衡位置，一旦这种原因消除后，它能够停留在附近新的位置保持平衡，则原有的平衡状态称为随遇平衡状态。

（3）如果物体由于某种原因偏离它原有的平衡位置，一旦这种原因消除后，它不能够回到原有的平衡位置，而是继续远离，称为不稳定平衡状态。

9.1.2.2 压杆的稳定平衡

等截面受轴向压力的直杆，在微小的侧向干扰力作用下，使杆轴到达一个十分临近于直线的微弯直线位置。去除侧向干扰力时：

（1）如杆轴能回到原来的直线位置，则原有的直线位置的平衡状态为稳定的平衡状态；

（2）如杆轴不能回到原来的直线位置，而是在一个新的微弯曲位置平衡，则原有的直线位置的平衡状态为临界平衡状态；

（3）如杆轴不能回到原来的直线位置，而且弯曲变形不断增大甚至折断，则原有的直线位置的平衡状态为不稳定平衡状态。

9.1.2.3 临界力

使压杆由稳定平衡过渡到不稳定平衡的外力 F_{cr}，称为临界力。

9.1.2.4 压杆平衡稳定性的特征

（1）平衡的稳定性取决于荷载值：

$$F < F_{cr} \quad 稳定平衡$$

$$F \geqslant F_{cr} \quad 不稳定平衡$$

（2）工程中要求压杆在外力作用下始终保持其直线平衡状态，即稳定的平衡状态。

9.2 欧拉公式及临界压力、临界应力

9.2.1 细长中心压杆的欧拉临界力

两端铰接细长压杆的临界力为 $F_{cr} = \dfrac{\pi^2 EI}{l^2}$。

9.2.2 不同杆端约束下细长压杆的欧拉临界力公式、压杆的长度系数

（1）细长压杆临界力的一般公式：

$$F_{cr} = \frac{\pi^2 EI}{(\mu l)^2} \tag{9-1}$$

（2）长度系数 μ。表示杆端约束对临界力的影响。不同约束下 μ 的取值为：

两端铰支 $\qquad\qquad\qquad \mu = 1$

一端固定一端铰支 $\qquad\quad \mu = 0.7$

两端固定 $\qquad\qquad\qquad \mu = 0.5$

一端固定一端自由 $\qquad\quad \mu = 2$

（3）细长压杆临界力的另一种表达方式：

$$F_{cr} = \frac{\pi^2 EI}{(\mu l)^2} = \frac{\pi^2 EAi^2}{(\mu l)^2} = \frac{\pi^2 EA}{\left(\dfrac{\mu l}{i}\right)^2} = \frac{\pi^2 EA}{\lambda^2} \tag{9-2}$$

式中，i 为惯性半径，$i = \sqrt{\dfrac{E}{A}}$；λ 为长细比，$\lambda = \dfrac{\mu l}{i}$。

106

（4）欧拉临界力的适用范围。只适用于压杆处于弹性变形范围，即

$$\lambda \geqslant \sqrt{\frac{\pi^2 E}{\sigma_p}} = \lambda_p \qquad (9\text{-}3)$$

或

$$\sigma_{cr} = \frac{\pi^2 E}{\lambda^2} \leqslant \sigma_p \qquad (9\text{-}4)$$

9.2.3 超过比例极限时，压杆的临界应力、临界应力总图

$$当 \lambda \geqslant \lambda_p 时, \sigma_{cr} = \frac{\pi^2 E}{\lambda^2}$$

$$当 \lambda < \lambda_p 时, \sigma_{cr} = \frac{\pi^2 E_t}{\lambda^2}$$

式中，E_t 为切线模量。

9.3 压杆稳定条件、稳定的实用计算——φ 系数法

$$\sigma = \frac{N}{A} \leqslant \varphi[\sigma] \qquad (9\text{-}5)$$

式中，$[\sigma]$ 为材料的强度许用应力。

9.4 例 题 详 解

【例 9-1】 两端铰支的压杆，截面为 122a，长 $l = 5m$，钢的弹性模量 $E = 2.0 \times 10^5 MPa$，试用欧拉公式求压杆的临界力 F_{cr}。

解： 两端铰支的压杆，$\mu = 1$。对 122a，$I_z = 2400 cm^4$，$I_y = 225 cm^4$。选取较小的 I 值。根据欧拉临界力公式

$$F_{cr} = \frac{\pi^2 EI}{(\mu l)^2} = \frac{\pi^2 \times 2.0 \times 10^5 \times 225 \times 10^4}{(1 \times 5000)^2} = 178 kN$$

【例 9-2】 图 9-1 所示各杆材料和截面均相同，问哪一根压杆能承受的压力最大，哪一根能承受的压力最小。

解： 根据欧拉公式，$F_{cr} = \frac{\pi^2 EI}{(\mu l)^2}$，在材料和截面均相同的情况下，杆件计算长度越大，临界力越小。

对图 9-1a，b，c 三种情形，$\mu = 1$，计算长度分别为 5m、7m、9m；

对图 9-1d 情形，$\mu = 2$，计算长度为 4m；

对图 9-1e 情形，$\mu = 0.5$，计算长度为 4m；

所以，承载力最大的是 d 和 e，最小的是 c。

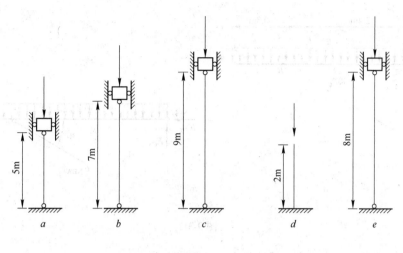

图 9-1

【例 9-3】 图 9-2 所示压杆横截面为矩形，$h = 80$mm，$b = 40$mm，杆长 $l = 2$m，材料为 Q235，$E = 2.1 \times 10^5$MPa，支端约束如图所示。在正视图 a 的平面内为两段铰支；在俯视图 b 的平面内为两段弹性固定，采用 $\mu = 0.8$，试求此杆的临界力。

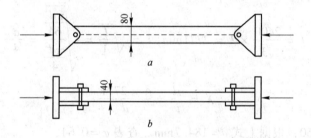

图 9-2

解： 首先确定相关参数。

对图 9-2a 情况，　　$\mu = 1, I = \dfrac{h^3 b}{12} = \dfrac{80^3 \times 40}{12} = 1.71 \times 10^6 \text{mm}^4$

对图 9-2b 情况，　　$\mu = 0.8, I = \dfrac{h b^3}{12} = \dfrac{80 \times 40^3}{12} = 4.27 \times 10^5 \text{mm}^4$

其次，根据欧拉公式

$$F_{\text{cra}} = \frac{\pi^2 EI}{(\mu l)^2} = \frac{\pi^2 \times 2.1 \times 10^5 \times 1.71 \times 10^6}{(1 \times 2000)^2} = 518.2 \text{kN}$$

$$F_{\text{crb}} = \frac{\pi^2 EI}{(\mu l)^2} = \frac{\pi^2 \times 2.1 \times 10^5 \times 4.27 \times 10^5}{(0.8 \times 2000)^2} = 345 \text{kN}$$

取最小值为 345kN。

【例 9-4】 图 9-3a 所示托架，其撑杆 AB 是由西南云杉 TC15 制成的圆杆，$q = 50$kN/m，AB 杆两端为柱形铰，$[\sigma] = 11$MPa。试求 AB 杆的直径 d。

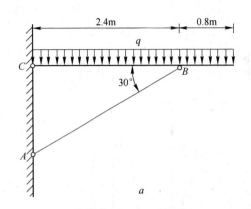

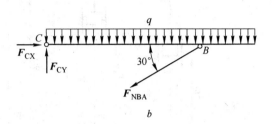

图 9-3

解：（1）先求解 AB 内力，受力图如图 9-3b 所示。

$$\Sigma M(C) = 0 \quad 3.2 \times 50 \times 1.6 + F_{YAB} \times 2.4 = 0,$$

$$F_{YAB} = -106.7\text{kN} \quad F_{NAB} = -213.4\text{kN}$$

（2）计算 AB 杆的几何特性：

$$l = \frac{2400}{\sqrt{3}} \times 2 = 2771\text{mm}, \quad i = \sqrt{\frac{I}{A}} = \sqrt{\frac{\frac{\pi d^4}{64}}{\frac{\pi d^2}{4}}} = \frac{d}{4}$$

$$\lambda = \frac{\mu l}{i} = \frac{4 \times 2771}{d}$$

（3）假设 $\lambda = 60$，根据上式 $d = 184.7\text{mm}$。查表 $\varphi = 0.64$，
则根据压杆稳定公式

$$A \geqslant \frac{N}{\varphi[\sigma]} = \frac{213.4 \times 10^3}{0.64 \times 11} = 30312, A = \frac{\pi d^2}{4}, d = 196\text{mm}$$

则原假设的直径有些小（大于 5%）。

（4）继续优化：

取 $d = 192\text{mm}$，则 $\lambda = 57.73$，$\varphi = 0.658$
根据压杆稳定公式

$$A \geqslant \frac{N}{\varphi[\sigma]} = \frac{213.3 \times 10^3}{0.658 \times 11} = 29469, A = \frac{\pi d^2}{4}, d = 194\text{mm}（在 5\% 范围内）$$

取 $d = 192\text{mm}$。

专业词汇

稳定 stable　不稳定 unstable　临界应力 critical stress　长细比 slenderness ratio　回转半径 radius of gyration　屈曲 buckling

专项训练 9

一、填空题（每空 5 分，共 40 分）

1. 三角形屋架的尺寸如图 9-4 所示。$F = 9.7\text{kN}$，斜腹杆 CD 按构造要求用最小截面尺寸 $100\text{mm} \times 100\text{mm}$ 的正方形，材料为东北落叶松 TC17，其顺纹抗压许用应力 $[\sigma] = 10\text{MPa}$，若按两端铰支考虑，CD 杆轴力为（　　），长细比为（　　），（　　）满足或不满足稳定条件。（每空 5 分，共 15 分）

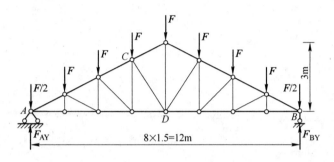

图 9-4

2. 压杆稳定中欧拉公式的适用条件为（　　）或为（　　）。
3. 提高压杆稳定性的措施有（　　），（　　），（　　）。

二、计算题

1. 图 9-5 所示桁架，$F = 48\text{kN}$，BC 杆材料是松木（树种强度等级为 TC15：当柔度 $\lambda \leqslant 75$ 时，$\varphi = \dfrac{1}{1 + \left(\dfrac{\lambda}{80}\right)^2}$，当柔度 $\lambda = 75$ 时，$\varphi = \dfrac{3000}{\lambda^2}$），许用应力 $[\sigma] = 10\text{MPa}$，直径 $d = 100\text{mm}$，试校核 BC 杆的稳定性。（20 分）

2. 一两端铰支的压杆，由 22a 号工字钢制成，截面如图 9-6 所示。压杆长 $l = 5\text{m}$，材料的弹性模量 $E = 200\text{GPa}$。$\lambda_p = 100$，试计算其临界力。（提示：$I_y = 225 \times 10^{-8}\text{m}^4$，$i_y = 2.31 \times 10^{-2}\text{m}$，$I_z = 3400 \times 10^{-8}\text{m}^4$，$i_z = 8.99 \times 10^{-2}\text{m}$）。（20 分）

3. 已知柱的上段为铰支，下段为固定，其外径 $D = 200\text{mm}$，内径 $d = 100\text{mm}$，长度 $l = 9\text{m}$，材料许用应力 $[\sigma] = 160\text{MPa}$。求中心受压柱的许用荷载 $[F]$。（15 分）

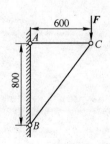

图 9-5

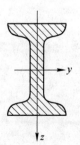

图 9-6

专项训练 9 成绩：

优　秀	90～100 分	☐
良　好	80～89 分	☐
中　等	70～79 分	☐
及　格	60～69 分	☐
不及格	60 分以下	☐

第 3 篇

结构力学能力训练

10 平面体系机动分析

学习指导

【本章知识结构】

知识模块	知识点	掌握程度
	机动分析的几个基本概念	理解
平面体系机动分析	平面几何不变体系组成规则	掌握
	机动分析示例	掌握

【本章能力训练要点】

能力训练要点	应用方向
平面几何不变体系组成规则	判定结构的合理组成和超静定次数
机动分析方法	平面体系机动分析过程

10.1 机动分析的几个基本概念

10.1.1 几何不变体系和几何可变体系

10.1.1.1 几何不变体系

体系受到任意荷载作用后，若不考虑材料的应变，而能保持其几何形状不变，位置不变。

10. 1. 1. 2 几何可变体系

体系受到任意荷载作用后，若不考虑材料的应变，其几何形状、位置可变。

平面体系的分类及其几何特征和静力特征见表 10-1。

表 10-1

体系分类		几何组成特性		静力特性	
几何不变体系	无多余约束的几何不变体系	约束数目够、布置也合理		静定结构：仅由平衡条件就可求出全部反力和内力	可作结构使用
	有多余约束的几何不变体系	约束有多余、布置也合理	有多余约束	超静定结构：仅由平衡条件不能求出全部反力和内力	
几何可变体系	几何瞬变体系	约束数目够、布置不合理		内力为无穷大或不确定	不能作结构使用
	几何常变体系	约束数目不够、或布置不合理		不存在静力结构	

10. 1. 2 刚片、自由度和约束

10. 1. 2. 1 刚片

平面体系中几何形状、尺寸（物体内各部分的相对位置）不随时间变化（不考虑材料应变）的部分。如一根梁、一根链杆、一个铰接三角形、大地（零自由度的刚片）、体系中已经确定为几何不变的部分等都可以看成刚片。

10. 1. 2. 2 自由度

平面体系的自由度：用来确定物体或体系在平面中的位置时所需要的独立坐标的数目。例如平面内运动的一个点有两个自由度，一个刚片有三个自由度。

10. 1. 2. 3 约束（联系）

约束（联系）：指阻止或限制体系运动的装置。凡减少一个自由度的装置，称为一个联系（或约束）。以下是几种常见的约束。

（1）链杆。相当于一个约束，可减少一个自由度。

（2）铰链接。一个单铰相当于两个约束，可减少两个自由度。复铰相当于 $n-1$ 个单铰，其中 n 为刚片数。

（3）刚性连接。刚结点相当于三个约束。刚性连接用于支座时，称为固定端支座。

10. 1. 2. 4 必要约束和多余约束

（1）必要约束：为保持体系几何不变必须具有的约束称为必要约束。

（2）多余约束：如果在一个体系中增加一个约束，而体系的自由度并不因此而减少，则此约束称为多余约束。

10. 1. 3 瞬铰和瞬变体系

（1）两个链杆所起的约束作用相当于在链杆交点处的一个铰所起的约束作用，这个

铰称为瞬铰（虚铰）。

（2）本来是几何可变，经微小位移后又成为几何不变的体系，称为瞬变体系。

10.1.4　平面杆件体系的计算自由度 W

10.1.4.1　刚片法

一个平面体系，通常由若干刚片彼此铰接并用支座链杆与基础相连而成。刚片数 m（member），单铰数 h（hinge），支座链杆数 r（rod），则

W（计算自由度）= 自由度总数 – 联系总数，即

$$W = 3m - (2h + r) \tag{10-1}$$

式中，h 为只包括刚片与刚片之间相互连接所用的铰，不包括刚片与支撑链杆相连用的铰。

10.1.4.2　铰接点法

若为铰接链杆体系，即完全由两端铰接的杆件组成，则

$$W = 2j - (b + r) \tag{10-2}$$

式中，j 为结点数；b 为杆件数；r 为支座链杆数。

当 $W > 0$，缺少足够的联系，几何可变；

$W = 0$，如无多余约束，则为几何不变，如有多余约束，则为几何可变，即成为几何不变所必需的最少联系数目；

$W < 0$，体系有多余联系。

$W \leqslant 0$，若体系与基础不连，内部可变度：$V \leqslant 3$。

注：$W \leqslant 0$（或 $V \leqslant 3$）不一定就是几何不变的。因为尽管联系数目足够多甚至还有多余，但若布置不当，则仍可能是可变的。

所以，$W \leqslant 0$（或 $V \leqslant 3$）只是几何不变体系的必要条件，还不是充分条件。

10.1.5　机动分析（几何组成分析）

在设计结构和选择其计算简图时，首先必须判别它是否几何不变，从而决定能否采用。这一工作成为体系的机动分析或几何组成分析。

10.2　组成几何不变体系的基本规则

10.2.1　三刚片规则

三刚片用不在同一直线上的三个单铰两两铰联结，则组成几何不变体系，且无多余约束。

10.2.2　两刚片规则

（1）两刚片用一个铰和一根不通过此铰的链杆相联结，则组成几何不变体系，且无

多余约束。

（2）两刚片用三根不全平行也不交于一点的链杆相联结，则组成几何不变体系，且无多余约束。

10.2.3　二元体规则

两根不共线链杆联结一个结点的装置为二元体。

在一个体系上增加一个二元体或拆除一个二元体，不会改变原有体系的几何构造性质。

10.3　平面体系机动分析方法

10.3.1　从基础出发进行分析

即以基础为基本刚片，依次将某个部件（一个结点、一个刚片或两刚片）按基本组成方式联结在基本刚片上，形成逐渐扩大的基本刚片，直至形成整个体系。如多跨静定梁等。

10.3.2　从内部刚片出发进行分析

首先在体系内部选择一个或几个刚片作为基本刚片，再将周围的部件按基本组成方式进行联结，形成一个或几个扩大的刚片。最后，将这些扩大的基本刚片与地基联结，从而形成整个体系。

10.3.3　几点技巧

支杆数为 3，体系本身先（分析）；支杆多于 3，地与体系联；几何不变者，常可作刚片；曲杆两端铰，可作链杆看；二元体遇到，可以先去掉等。

10.4　例　题　详　解

【例 10-1】　求图 10-1 所示体系的计算自由度 W。

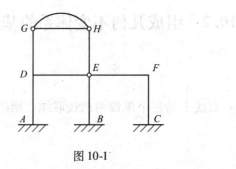

图 10-1

解：$m = 9$，$g = 6$，$h = 4$，$b = 9$

$$W = 3 \times 9 - (3 \times 6 + 2 \times 4 + 9) = -8$$

表明体系有 8 个多余约束。

【例 10-2】 对图 10-2a 所示平面体系进行机动分析。

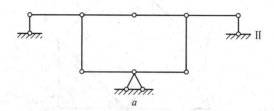

解：如图 10-2b 所示，支杆多于 3，地与体系联。三刚片原则，三个虚铰和另一个铰点不交于一点，所以为无多余约束的几何不变体系。

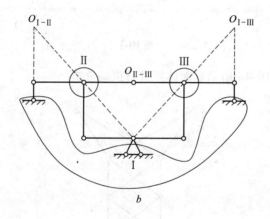

图 10-2

【例 10-3】 对图 10-3a 所示平面体系进行机动分析。

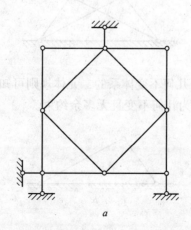

解：如图 10-3b 所示，按三刚片原则，三铰不共线，为几何不变且无多余约束体系。

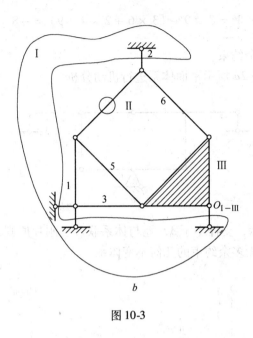

图 10-3

【例 10- 4】 对图 10-4*a* 所示平面体系进行机动分析。

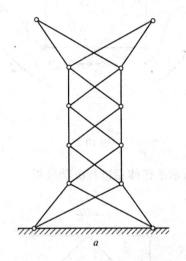

解： 如图 10-4*b* 所示，由几何不变体系的二元体规则可知：自下而上加二元体，地基为一大"刚片"，可知此体系为几何不变且无多余约束。

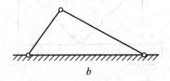

图 10-4

【例 10-5】 对图 10-5*a* 所示平面体系进行机动分析。

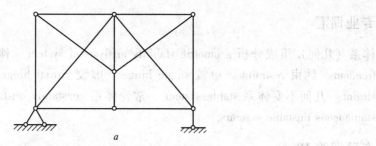

a

解：如图 10-5*b* 所示，按三刚片原则，三铰不共线，得出该结构为几何不变体且无多余约束体系。

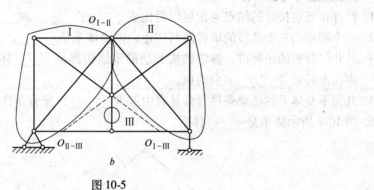

b

图 10-5

【**例 10-6**】 对图 10-6*a* 所示平面体系进行机动分析。

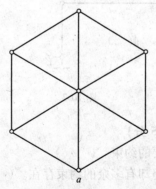

a

解：如图 10-6*b* 所示，三刚片原则，三个虚铰共线，为瞬变体系。

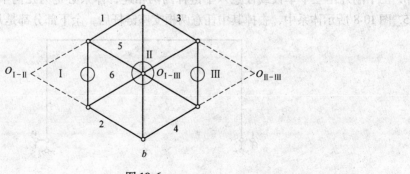

b

图 10-6

专业词汇

体系（几何）组成分析 geometric stability analysis of system　　刚片 rigid member　　自由度 freedom　　约束 restraint　　单铰 single hinge　　虚铰 virtual hinge　　多余约束 redundant restraint　　几何不变体系 stable system　　常变体系 constantly unstable system　　瞬变体系 instantaneous unstable system

专项训练 10

一、填空题（每题 5 分，共计 25 分）

1. 杆件相互连接处的结点通常可以简化成_____、_____和_____。

2. 三个刚片用三个共线的单铰两两相连，则该体系是_____。

3. 从几何分析的角度讲，静定结构和超静定结构都是_____体系，前者是_____多余约束，而后者是_____多余约束。

4. 几何不变体系的必要条件是计算自由度 W _____，充分条件是满足_____规则。

5. 图 10-7 所示体系是_____体系。

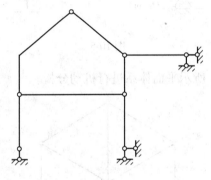

图 10-7

二、判断题（每题 5 分，共计 25 分）

1. 多余约束是结构体系中不需要的约束。（　　）

2. 有些体系为几何可变体系，但却有多余的约束存在。（　　）

3. 任意两根链杆的约束作用均可相当于一个单铰。（　　）

4. 三个刚片由三个单铰或任意六个链杆两两相连，体系必定为几何不变体系。（　　）

5. 图 10-8 所示体系中，去掉其中任意两根支座链杆后，余下部分都是几何不变的。（　　）

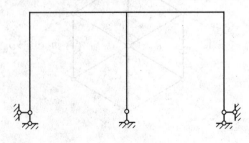

图 10-8

三、分析题（每题 5 分，共计 50 分）

1. 试对图 10-9 所示平面体系进行机动分析。

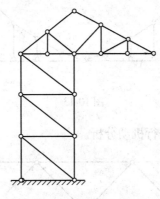

图 10-9

2. 试对图 10-10 所示平面体系进行机动分析。

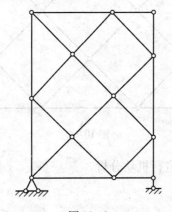

图 10-10

3. 试对图 10-11 所示平面体系进行机动分析。

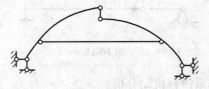

图 10-11

4. 试对图 10-12 所示平面体系进行机动分析。

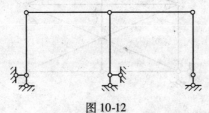

图 10-12

5. 试对图 10-13 所示平面体系进行机动分析。

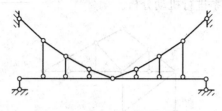

图 10-13

6. 试对图 10-14 所示平面体系进行机动分析。

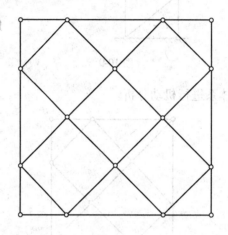

图 10-14

7. 试对图 10-15 所示平面体系进行机动分析。

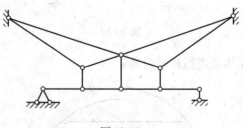

图 10-15

8. 试对图 10-16 所示平面体系进行机动分析。

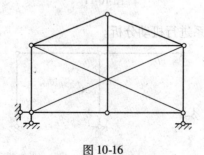

图 10-16

9. 试对图 10-17 所示平面体系进行机动分析。

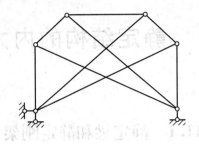

图 10-17

10. 试对图 10-18 所示平面体系进行机动分析。

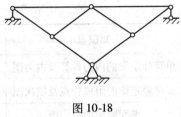

图 10-18

专项训练 10 成绩：

优　秀	90～100 分	□
良　好	80～89 分	□
中　等	70～79 分	□
合　格	60～69 分	□
不合格	60 分以下	□

11　静定结构的内力计算

11.1　静定梁和静定刚架

学习指导

【本节知识结构】

知识模块	知识点	掌握程度
静定梁	单跨静定梁的内力计算及内力图	掌握
	多跨静定梁的组成特点及层次图	理解
	平面刚架的内力图	掌握
	准确快速绘制弯矩图	掌握

【本节能力训练要点】

能力训练要点	应用方向
单跨静定梁的内力计算及内力图	多跨梁和刚架分析的基础，强度计算，超静定计算
多跨静定梁的内力分析及内力图	影响线分析，可解决实际工程中多跨静定梁的结构设计问题
刚架的内力计算及内力图的绘制	杆件的强度、位移和超静定结构计算结构的动力计算

11.1.1　静定梁的内力

11.1.1.1　单跨静定梁的结构形式
水平梁、斜梁及曲梁、简支梁、悬臂梁及伸臂梁。

11.1.1.2　平面结构的内力及其正、负号规定
如图 11-1 所示：
（1）轴力：受拉为正。
（2）剪力：顺时针为正。
（3）弯矩：下部纤维受拉为正。

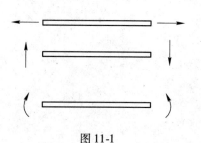

图 11-1

11.1.1.3　求内力图的步骤

（1）求支座反力；

（2）求杆件控制截面内力；

提示：对于初学者，一定要掌握控制截面的选取原则，控制截面一般取为：杆端；集中荷载集中力矩作用点；支座处；分布荷载的起点和终点。

（3）绘制内力图；

（4）校核：根据内力图特征；根据静力平衡条件。

11.1.1.4　多跨静定梁的受力分析

（1）从几何组成来看，$\begin{cases}基本部分\\附属部分\end{cases}$→层次图

（2）从受力来看，$\begin{cases}当荷载作用于基本部分\\当荷载作用于附属部分\end{cases}$→力的传递路径

（3）解题顺序：先解附属部分，再解基本部分。

由此可知，多跨梁定梁可分成若干单跨梁分别计算。

11.1.2　静定平面刚架的内力

11.1.2.1　刚架的组成及分类

刚架是由若干直杆（梁和柱），部分或全部用刚结点连接而成的一种结构。

A　静定刚架（图 11-2）

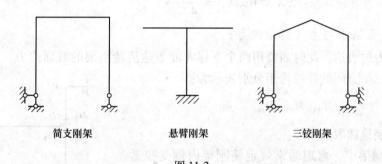

简支刚架　　　　悬臂刚架　　　　三铰刚架

图 11-2

B　超静定刚架（图 11-3）

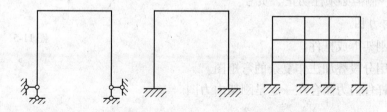

图 11-3

实际工程中采用的刚架大多是超静定的刚架。

11. 1. 2. 2 刚架的特征

（1）刚结点处，各杆端不能产生相对移动和转动，各杆夹角不变。

（2）刚结点能够承受和传递弯矩，使结构弯矩分布相对比较均匀，节省材料。

（3）两铰三铰刚架和四铰体系变为结构加斜杆比较，组成几何不变体系所需的杆件数目较少，且多为直杆，故净空较大，施工方便。

（4）梁柱形成一个刚性整体，增大结构刚度并使内力分布比较均匀，节省材料，可以获得较大的净空。

11. 1. 2. 3 静定平面刚架的内力分析

A 求支座反力

提示：求刚架的支座反力时，不同类型刚架的求解方式是不一样的，例如：简支刚架的求解过程与梁相同，悬臂刚架可不求支座反力，三铰刚架如图 11-4 所示。

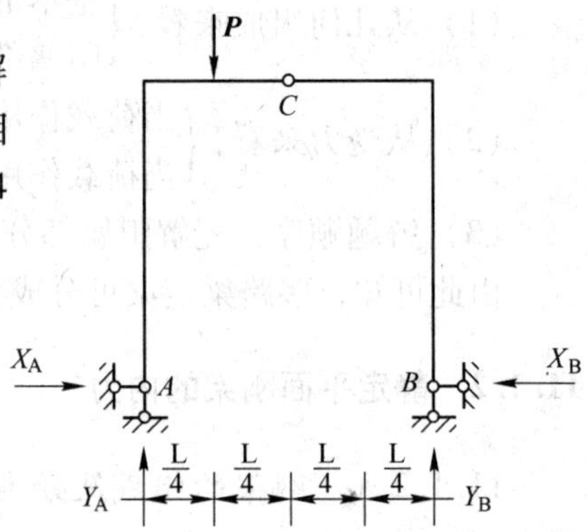

$$\Sigma M_A = 0 \Rightarrow Y_B = \frac{P}{4}(\uparrow)$$

先取整体为研究对象：

$$\Sigma Y = 0 \Rightarrow Y_A = \frac{3}{4}P(\uparrow)$$

后取 CB 部分为隔离体：$\Sigma M_C = 0 \Rightarrow X_B = \dfrac{P}{4}(\leftarrow)$

再取整体为研究对象：$\Sigma X = 0 \Rightarrow X_A = \dfrac{P}{4}(\rightarrow)$

图 11-4

B 用截面法求内力（杆端内力）

（1）内力的表达，此时需要用两个下标才能表达清楚刚架的截面内力，如图 11-5 所示。结点 D 三个方向的杆端弯矩分别表示为：

$$M_{DA}, M_{DB}, M_{DC}$$

（2）正确地选取隔离体。

（3）在刚架中，弯矩通常规定使刚架内侧受拉者为正，弯矩图绘在杆件受拉边而不标注正、负号。其剪力和轴力正、负号规定与梁相同，剪力图和轴力图可绘在杆件的任一侧但必须注明正、负号。

C 作内力图

（1）将刚架拆成杆件。

（2）采用分段叠加法作复杂的弯矩图。

（3）各杆件内力图合在一起是刚架内力图。

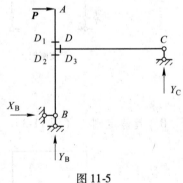

图 11-5

11. 1. 3 快速、准确绘制弯矩图的规律

（1）利用 q、FS、M 之间的微分关系以及一些推论：

1）无荷载区段，M 为直线；

2）受均布荷载 q 作用时，M 为抛物线，且凸向与 q 方向一致；

3）受集中荷载 P 作用时，M 为折线，折点在集中力作用点处，且凸向与 P 方向一致；

4）受集中力偶 m 作用时，在 m 作用点处 M 有跳跃（突变），跳跃量为 m，且左、右直线均平行。

（2）铰处弯矩为零，刚结点处力平衡。

（3）外力与杆轴重合时不产生弯矩。

（4）作弯矩图的区段叠加法。

（5）对称性的利用。

11.1.4　静定结构的基本特性

（1）静力解答的唯一性。

（2）在静定结构中，除荷载外，其他任何原因如温度改变、支座位移、材料收缩、制造误差等均不引起内力。

（3）平衡力系的影响。当由平衡力系组成的荷载作用于静定结构的某一本身为几何不变的部分上时，则只有此部分受力，其余部分的反力和内力均为零。

（4）荷载等效变换的影响。当作用在静定结构的某一本身几何不变部分上的荷载在该部分范围内做等效替换时，则只有该部分的内力发生变化，而其余部分的内力保持不变。

11.1.5　例题详解

【例 11.1-1】　求图 11-6 所示单跨静定梁的内力图。

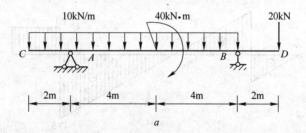

a

解：（1）求支座反力，取全梁为隔离体

$$\sum M_A = 0$$

$$-10 \times 2 + 10 \times 4 + 40 - F_{By} \times 8 + 20 \times 10 = 0$$

$$F_{By} = 67.5\text{kN}$$

$$\sum F_y = 0$$

$$F_{Ay} - 10 \times 10 + 67.5 = 0$$

$$F_{Ay} = 52.5\text{kN}$$

（2）绘制弯矩图，用截面法计算出各控制点的弯矩值：

$$M_A = 10 \times 2 \times 1 = 20kN \cdot m$$

$$M_B = 20 \times 2 = 40kN \cdot m$$

$$M_{C左} = -30kN \cdot m$$

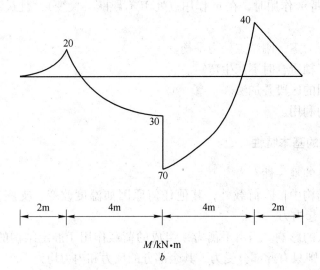

$M/kN \cdot m$

b

（3）绘制剪力图，用截面法计算出各控制点的弯矩值：

$$F_{A左} = -10 \times 2 = -20kN$$

$$F_{A右} = 52.5 - 20 = 32.5kN$$

$$F_{B右} = 20kN$$

$$F_{B左} = 20kN - 67.5 = -47.5kN$$

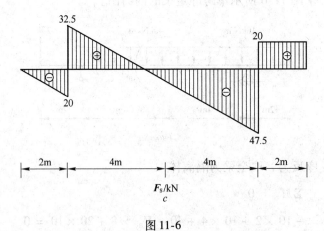

F_s/kN

c

图 11-6

【例 11.1-2】 求图 11-7a 中多跨静定梁的内力图。

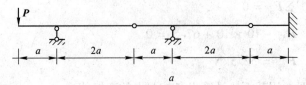

a

解：（1）层次图见图 11-7*b*。

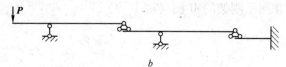

b

（2）根据荷载的传递关系，即可知本题的求解顺序：$FD \rightarrow BD \rightarrow AB$。

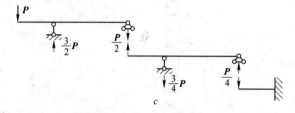

c

（3）此时即可分段画出内力图，合在一起就是整个结构的内力图。

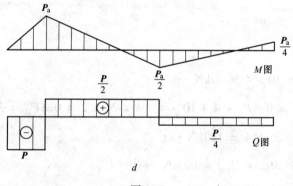

图 11-7

【例 11.1-3】 快速绘制弯矩图（图 11-8）。

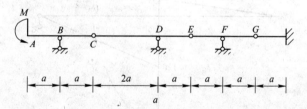

a

解： AB 段的弯矩图与 M 相同，C 点弯矩为零，BD 之间无外力作用，故其弯矩图为

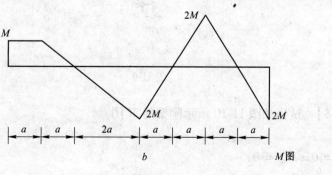

b

图 11-8

一直线。同样，E、G 两点弯矩为零，故 DF 之间和 FG 之间为一直线。

【例 11.1-4】 试作图示刚架的 M 图（图 11-9）。

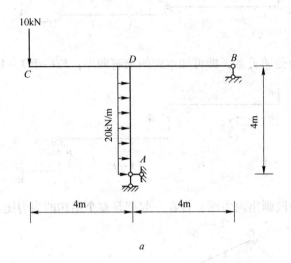

a

解：

$$M_{DC} = 10 \times 4 = 40 \text{kN} \cdot \text{m}$$

由 $\Sigma M_A = 0 \Rightarrow F_B \times 4 + 10 \times 4 - 4 \times 20 \times 2 = 0 \Rightarrow F_B = 30 \text{kN}$

$$M_{DB} = 30 \times 4 = 120 \text{kN} \cdot \text{m}$$

故 $M_{DA} = M_{DC} + M_{DB} = 160 \text{kN} \cdot \text{m}$

A 点弯矩为零，AD 之间弯矩由叠加法可算出。

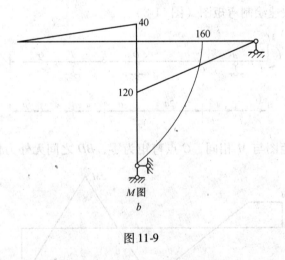

M 图

b

图 11-9

【例 11.1-5】 试作如图 11-10 所示刚架的 M 图。

解：

由 $\Sigma M_A = 0 \Rightarrow F_{By} = 0$；

由 $\Sigma F_y = 0 \Rightarrow F_{Ay} = 0$；

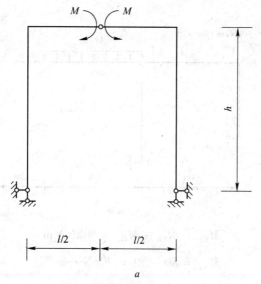

$$由 \ \Sigma M_C = 0 \Rightarrow F_{Bx} \times h = M \Rightarrow F_{Bx} = \frac{M}{h};$$

故 $M_{DB} = F_{Bx} \times h = M$，同理，可得 $M_{EA} = M_{\circ}$

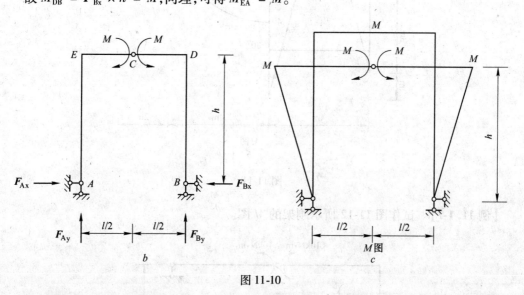

图 11-10

【例 11.1-6】 试作图 11-11 所示刚架的 M 图。

解：

由 $\quad \Sigma F_y = 0$ 知，$F_C = 20 + 10 \times 4 = 60kN$

$M_{CF} = 20 \times 2 = 40kN \cdot m$

$M_{EC} = 20 \times 6 - 60 \times 4 + 10 \times 4 \times 2 = 40kN \cdot m$

$\Sigma M_A = 0 \Rightarrow F_B \times 1 + F_C \times 8 - 20 \times 10 - 10 \times 4 \times 6 - 50 \Rightarrow F_B = 10kN$

$M_{EB} = 10 \times 4 = 40kN \cdot m$

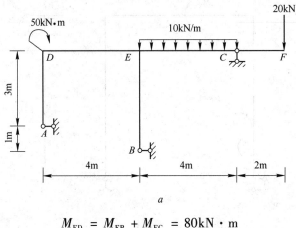

$$a$$

$$M_{ED} = M_{EB} + M_{EC} = 80\text{kN} \cdot \text{m}$$

$$M_{DA} = 80 - 50 = 30\text{kN} \cdot \text{m}$$

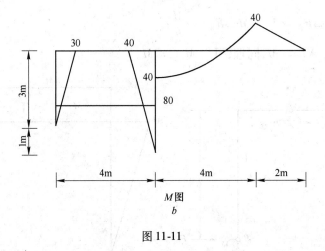

M 图

b

图 11-11

【例 11.1-7】 试作图 11-12 所示刚架的 M 图。

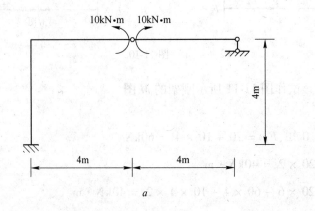

a

解：

$$\Sigma M_C = 0 \Rightarrow F_A \times 4 - 10 = 0 \Rightarrow F_A = 2.5\text{kN}$$

$$M_D = F_A \times 8 = 20kN \cdot m$$

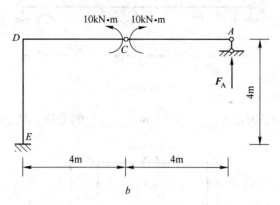

b

由于 DE 段无外力作用，故弯矩规定为 20kN·m。

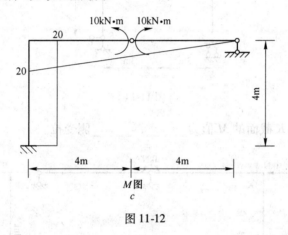

M 图

c

图 11-12

专业词汇

静定结构 statically determinate structure　　梁 beam　　梁式结构 beam-type structure　　跨度 span　　简支梁 simple beam　　悬臂梁 cantilever beam　　外伸梁 overhead beam　　斜梁 skew beam　　内力 internal force　　剪力 shearing force　　弯矩 bending moment　　内力图 internal force diagram　　叠加法 superposition method　　静定多跨梁 statically determinate multi-span beam　　基本部分 basic portion　　附属部分 accessory part　　层次图 laminar superposition diagram　　刚结点 rigid joint　　刚架 frame　　静定平面刚架 statically determinate plane frame　　简支刚架 simple frame　　悬臂刚架 cantilever frame　　三铰刚架 three-hinged frame

专项训练 11.1

一、填空题（每题 5 分，共计 25 分）

1. 静定结构的静力特征是：可用_____求出全部反力和内力；其几何特征是：结构为不变体系；且无_____联系。

2. 图 11-13 所示梁中，BC 段的剪力 V 等于_____，DE 段的弯矩等于_____。

3. 荷载集度与剪力和弯矩之间的关系是_____、_____、_____。

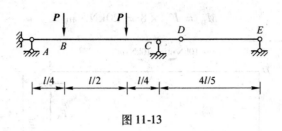

图 11-13

4. 图 11-14 所示结构中，$M_{AD} = $ _____ kN·m， _____ 侧受拉，$M_{CD} = $ _____ kN·m。

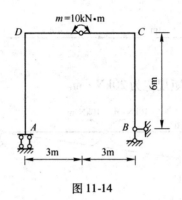

图 11-14

5. 图 11-15 所示结构 K 截面的 M 值为 _____， _____ 侧受拉。

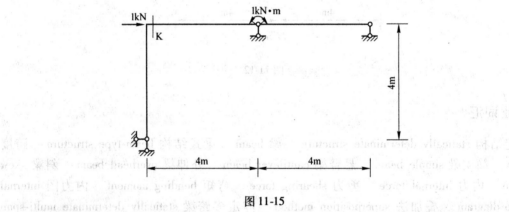

图 11-15

二、判断题（每题 5 分，共计 25 分）

1. 图 11-16 所示为一杆段的 M、V 图，若 V 图正确，则 M 图一定是错误的。（　　）

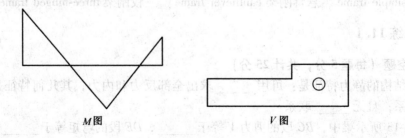

M 图　　　　　　　　　　　V 图

图 11-16

2. 多跨静定梁仅当基本部分承受荷载时，其他部分的内力和反力均为零。( )

3. 图 11-17 所示同一简支斜梁，分别承受图示两种形式不同、集度相等的分布荷载时，其弯矩图相同。( )

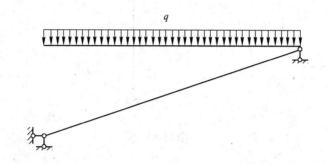

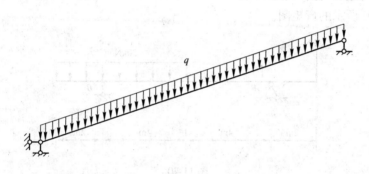

图 11-17

4. 图 11-18 所示结构 $M_k = \dfrac{ql^2}{2}$（内侧受拉）。( )

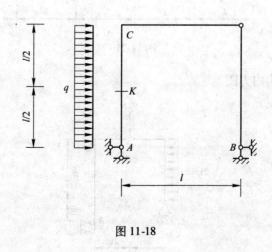

图 11-18

5. 图 11-19a 所示结构的剪力图形状如图 11-19b 所示。( )

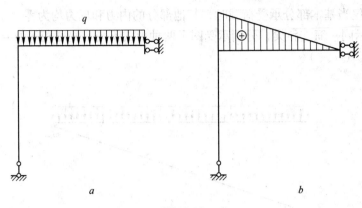

图 11-19

三、计算题（每题 10 分，共计 50 分）

1. 绘制图 11-20 所示的弯矩图。

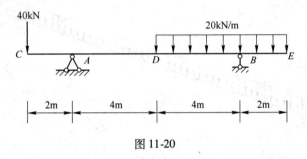

图 11-20

2. 求图 11-21 中两跨静定梁的内力图。

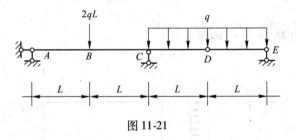

图 11-21

3. 作图 11-22 所示结构内力图。

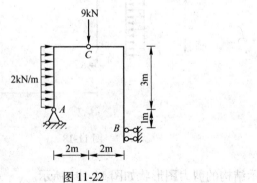

图 11-22

4. 作图 11-23 所示结构的 *M* 图。

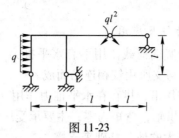

图 11-23

5. 试不计算反力而绘出图 11-24 中梁的弯矩图。

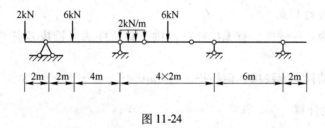

图 11-24

专项训练 11.1 成绩:

优　秀　90 ~ 100 分	☐
良　好　80 ~ 89 分	☐
中　等　70 ~ 79 分	☐
合　格　60 ~ 69 分	☐
不合格　60 分以下	☐

11.2　三铰拱的内力

学习指导

【本节知识结构】

知识模块	知识点	掌握程度
三铰拱的内力计算	三铰拱支座反力的计算公式	掌握
	三铰拱的内力计算方法	理解
	合理拱轴线概念	掌握

【本节能力训练要点】

能力训练要点	应用方向
三铰拱的支座反力的计算	拱结构设计、计算

11.2.1　概述

11.2.1.1　拱式结构的特征及应用

（1）特征：杆轴是曲线，竖向荷载作用下有水平推力。与曲梁比较，三铰拱是由两条曲杆用铰相互连结，并各自与支座用铰相连结而成。

（2）优点：在竖向荷载作用下，拱存在水平推力作用，导致其所受的弯矩远比梁小，压力也比较均匀；若合理选择拱轴，弯矩为零，主要承受压力。

（3）缺点：需要坚固而强大的地基基础来支撑。

（4）应用：门、窗、桥、巷道、窑洞。

11.2.1.2　拱的形式

（1）静定结构：三铰拱。有无拉杆三铰拱、有拉杆的三铰拱及其变化形式、作成折线即为三铰刚架。

（2）超静定结构：无铰拱、两铰拱。

11.2.2　三铰拱的计算

以竖向荷载作用下的平拱为例。

11.2.2.1　支座反力计算

（1）三铰拱的竖向反力与相当梁的竖向力相同，竖向反力与拱高无关。$F_{AV} = F_{AV}^0$，$F_{BV} = F_{BV}^0$

（2）水平推力仅与荷载及三个铰的位置有关，即只与拱的矢跨比 f/l 有关（$f/l \uparrow$，$H \downarrow$；$f/l \downarrow$，$H \uparrow$），与拱轴形状无关。当荷载及 l 不变时，$f \uparrow$，$H \downarrow$，$f \downarrow$，$H \uparrow$，$f \to 0$，$H \to \infty$，$f = 0$ 三拱共线瞬变体系。

$$F_H = M_c^0 / f$$

（3）竖向向下荷载作用时推力为正，推力向内。

11.2.2.2　内力计算

（1）反力求出后，用截面法求拱上任一横截面的内力。

（2）弯矩使拱的内侧纤维受拉的弯矩为正，反之为负；拱轴内的剪力正、负号规定同材料力学；轴力使拱轴截面受压为正。

（3）三铰拱在竖向荷载作用下的内力计算公式：

$$M = M^0 - F_H y$$

$$F_S = F_S^0 \cos\varphi - F_H \sin\varphi$$

$$F_N = F_S^0 \sin\varphi + F_H \cos\varphi$$

式中，φ 为任意截面拱轴切线的倾角，φ 在左半拱为正，在右半拱为负。

11.2.3　三铰拱的合理拱轴线

（1）合理拱轴线：使拱在给定荷载下只产生轴力的拱轴线，称为与该荷载对应的合理拱轴。

（2）在满跨竖向均布荷载作用下，三铰拱的合理拱轴线是抛物线。

（3）在垂直于拱轴线的均布荷载（例如水压力）作用下，三铰拱的合理拱轴线是圆弧线。

专业词汇

拱 arch　拱轴线 arch axis　拱顶 vault　拱高 arch height　拱脚 arch toe　水平推力 horizontal thrust　拱式结构 arch structure　推力结构 thrust structure　三铰拱 three-hinged arch　压力线 line of pressure　合理拱轴线 optimal arch axis

专项训练 11.2

一、填空题（每题 10 分，共计 50 分）

1. 拱是杆轴线为_____并且在竖向荷载作用下产生_____的结构。

2. 在同样荷载作用下，三角拱某截面上的弯矩值比相应简支梁对应截面的弯矩值要小，这是因为三角拱有_____。

3. 如图 11-25 所示半圆三角拱，$\alpha = 30°$，$Y_A = qa(\uparrow)$，$H_A = \dfrac{qa}{2}(\rightarrow)$，$K$ 截面的 $\varphi_K = $ ____，

$V_K = $ _____，V_K 的计算式为_____。

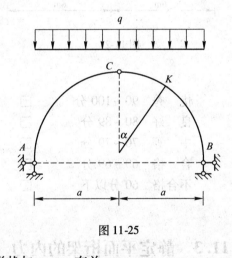

图 11-25

4. 三铰拱合理拱轴线的形状与_____有关。

5. 在已知荷载作用下，使三铰拱处于_____状态的轴线称为三铰拱的合理拱轴线，合理拱轴线的拱各截面只受_____作用，即正应力沿截面_____分布。

二、判断题（每题 10 分，共计 50 分）

1. 三铰拱的弯矩小于相应简支梁的弯矩是因为存在水平支座反力。（　　）

2. 三铰拱的水平推力只与三个铰的位置及荷载大小有关，而与拱轴线形状无关。（　　）

3. 三铰拱的内力不但与荷载及三个铰的位置有关，而且与拱轴线形状有关。（　　）

4. 如图 11-26 所示拱的水平推力 $H = \dfrac{3ql}{4}$。（　　）

5. 如图 11-27 所示三铰拱左支座的竖向反力为零。（　　）

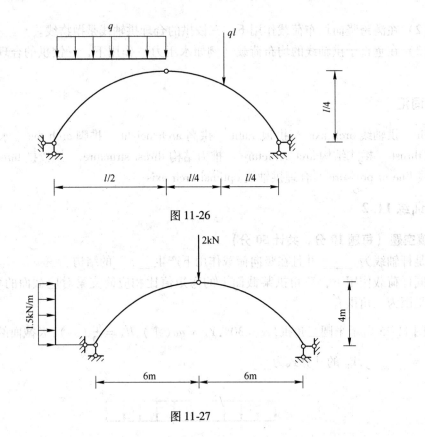

图 11-26

图 11-27

专项训练 11.2 成绩：

优　秀　90 ~ 100 分　☐
良　好　80 ~ 89 分　☐
中　等　70 ~ 79 分　☐
合　格　60 ~ 69 分　☐
不合格　60 分以下　☐

11.3　静定平面桁架的内力

学习指导

【本节知识结构】

知识模块	知识点	掌握程度
静定平面桁架的计算	结点法计算静定平面桁架	掌握
	截面法计算静定平面桁架	掌握
	组合结构	理解

【本节能力训练要点】

能力训练要点	应用方向
桁架中杆的内力计算方法	桁架结构设计

11.3.1　基本概念

11.3.1.1　桁架的特点

（1）与梁、刚架、三铰拱相比，桁架可以更充分地发挥材料的作用。

（2）内力计算时的假定：

1）桁架的结点都是理想铰结点；

2）各杆的轴线都是直线并通过铰的中心；

3）荷载和支座反力都作用在结点上。

（3）二力杆——桁架各杆件内力只有轴力（受拉或受压）。

11.3.1.2　桁架的组成和分类

（1）组成：

弦杆 $\begin{cases} 上弦杆 \\ 下弦杆 \end{cases}$

腹杆 $\begin{cases} 斜杠 \\ 竖杆 \end{cases}$

（2）分类：

1）简单桁架：由基础或一个基本铰结三角形依次增加二元体而组成的桁架。

2）联合桁架：由几个简单桁架按几何不变体系的基本组成规则而联合组成的桁架。

3）复杂桁架：除以上两种方式以外组成的其他静定桁架。

11.3.2　桁架内力计算方法

11.3.2.1　结点法

取结点为隔离体及进行分析的方法，称为结点法。先求出支座反力，在从桁架的一端依次取结点为隔离体进行求解即可，注意合理选取求解顺序，使每个结点隔离体未知量值不能超过两个，建立两个平衡方程 $\Sigma X = 0$ 和 $\Sigma Y = 0$，结点法最适合用于计算简单桁架。

11.3.2.2　截面法

根据求解问题的需要，用一个合适截面切断拟求内力的杆件，将桁架分成两部分，从桁架中取出受力简单的一部分作为隔离体（至少包含两个结点），隔离体受力（荷载、反力、已知杆轴力、未知杆轴力）组成一个平面一般力系，可以建立三个独立的平衡方程，由三个平衡方程 $\Sigma X = 0, \Sigma Y = 0$ 和 $\Sigma M = 0$ 可以求出三个未知杆的轴力。

根据所采用的方程性质，又可分为投影法（$\Sigma X = 0, \Sigma Y = 0$）和力矩法（$\Sigma M = 0$）。截面法最适用于联合桁架的计算、简单桁架中少数指定杆件的内力计算。

在各种桁架的计算中，若只需求解某几根指定杆件的内力，而单独应用结点法或截面法不能一次求出结果时，则联合应用结点法和截面法。

11.3.2.3　简化计算

利用 $\dfrac{N}{l} = \dfrac{N_x}{l_x} = \dfrac{N_y}{l_y}$，避免解联立方程，先求分力再求合力。

判定零杆、等力杆特殊杆件简化计算。

斜杆的轴力及其作用线移到合适位置分解，便于求力臂。

11.3.3　常用梁式桁架的比较

（1）平行弦桁架内力分布不均匀，有利于制造标准化。

（2）三角形桁架的内力分布也不均匀，弦杆内力在两端最大，且端结点处夹角甚小，构造布置较为困难。

（3）抛物线形桁架的内力分布均匀，节约材料意义较大，最经济。但构造较复杂。

11.3.4　组合结构的内力

组合结构是由桁杆（二力杆）和梁式杆所组成的，常用于房屋建筑中的屋架、吊车梁以及桥梁的承重结构。

（1）结构组成。由只受轴力的二力杆和承受弯矩、剪力、轴力的梁式杆组成。

（2）内力计算。计算组合结构时，先分清各杆内力性质，并进行几何组成分析，对可分清主次结构的，按层次图，由次要结构向主要结构的顺序，逐结构进行内力分析；对无主次结构关系的，则需在求出支座反力后，先求联系桁杆的内力，再分别求出其余桁杆以及梁式杆的内力，最后作出其内力图。

11.3.5　例题详解

【例 11.3-1】　试判断图 11-28 所示桁架中的零杆。

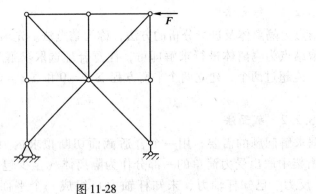

图 11-28

解：

易知杆件 1、2、3、4 为 T 形结点零杆；

杆件 6、7 和 8、9 为等力杆；

零杆如图 11-29 中的标注。

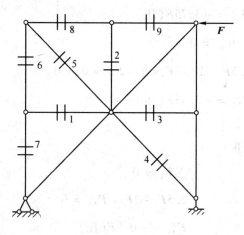

图 11-29

【例 11.3-2】　试用截面法计算图 11-30 所示桁架中指定杆件的内力。

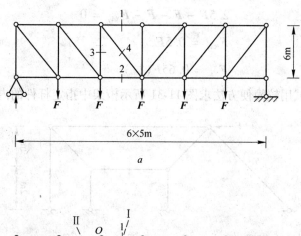

解：

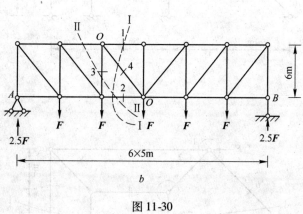

图 11-30

（1）力矩法：

求 F_{N1}、F_{N2}：取截面 I — I

由 $$\sum M_O = 0$$

得 　　　　　　　$2.5F \times 15 - F \times 10 - F \times 5 + F_{N1} \times 6 = 0$

　　　　　　　　$F_{N1} = -3.75F(压)$

由 　　　　　　　$\sum M_{O1} = 0$

得 　　　　　　　$2.5F \times 10 - F \times 5 - F_{N2} \times 6 = 0$

　　　　　　　　$F_{N2} = -3.33F(压)$

（2）投影法：

求 F_{N3}：取截面 II—II

由 　　　　　　　$\sum F_y = 0$

得 　　　　　　　$2.5F - 2F + F_{N3} = 0$

　　　　　　　　$F_{N3} = -0.5F(压)$

求 F_{N4}：取截面 I—I

由 　　　　　　　$\sum F_y = 0$

得 　　　　　　　$2.5F - F - F - F_{N4y} = 0$

　　　　　　　　$F_{N4y} = 0.5F$

　　　　　　　　$F_{N4} = 0.65F(拉)$

【例 11.3-3】　试用较简便方法求图 11-31 所示桁架中指定杆件的内力。

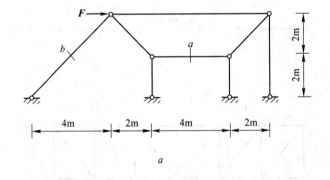

a

解：

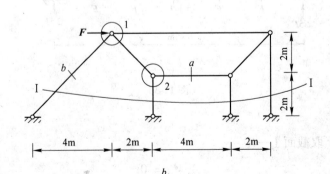

b

（1）截面法：

求 F_{Nb}：取截面 I—I 上半部分为隔离体

$$\Sigma F_x = 0$$

$$F_{xb} = FP$$

$$F_{Nb} = \sqrt{2FP}$$

（2）结点法：

结点 1

c

取结点 1 为隔离体，可知 $F_{x1} = -FP$（压）

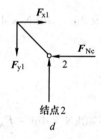

结点 2

d

图 11-31

求 F_{Na}：取结点 2 为隔离体

$$\Sigma F_x = 0$$

$$F_{Na} = F_{x1} = -FP（压）$$

【例 11.3-4】 试用截面法计算图 11-32 所示桁架中指定杆件的内力。

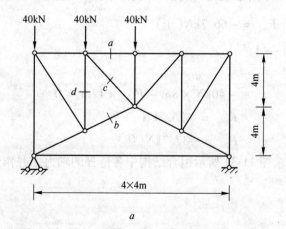

a

解：

（1）求 F_{Na}：取 I—I

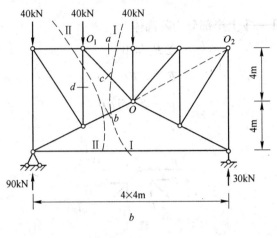

图 11-32

由 $\Sigma M_O = 0$, 得

$$90kN \times 8m - 40kN \times 8m - 40kN \times 4m + F_{Na} \times 4m = 0$$

$$F_{Na} = -60kN(\text{压})$$

（2）求 F_{Nb}：取 Ⅱ—Ⅱ

由 $\Sigma M_{O1} = 0$, 得

$$90kN \times 4m - 40kN \times 4m - F_{Nbx} \times 6m = 0$$

$$F_{Nbx} = 33.8kN$$

$$F_{Nb} = 37.3kN(\text{拉})$$

（3）求 F_{Nd}：取 Ⅱ—Ⅱ

由 $\Sigma M_{O2} = 0$, 得

$$90kN \times 16m - 40kN \times 16m + F_{Nd} \times 12m = 0$$

$$F_{Nd} = -66.7kN(\text{压})$$

（4）求 F_{Nc}：取 Ⅰ—Ⅰ

由 $\Sigma M_{O2} = 0$, 得

$$-40kN \times 8m - F_{Ncy} \times 12m = 0$$

$$F_{Ncy} = -26.7kN$$

$$F_{Nc} = -37.7kN(\text{压})$$

【例 11.3-5】　试求图 11-33 所示组合结构中各链杆的轴力，并作受弯杆件的内力图。

解：

（1）支座反力

$$\Sigma M_A = 0 \Rightarrow 50 \times 3 + 50 \times 6 + 50 \times 9 - F_{By} \times 12 = 0 \Rightarrow F_{By} = 75kN(\uparrow)$$

$$\Sigma F_y = 0 \Rightarrow F_{Ay} = 75kN(\uparrow)$$

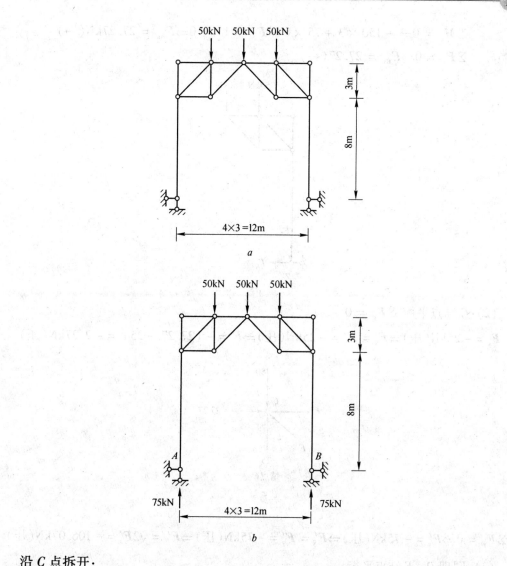

沿 C 点拆开：

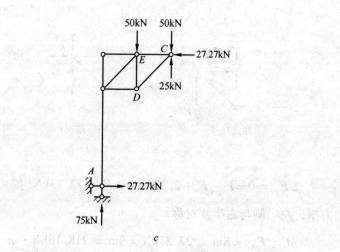

$$\Sigma M_{\mathrm{C}} = 0 \Rightarrow -150 \times 3 + 75 \times 6 - F_{\mathrm{Ay}} \times 11 = 0 \Rightarrow F_{\mathrm{Ax}} = 27.27\mathrm{kN}(\rightarrow)$$

$$\Sigma F_{\mathrm{x}} = 0 \Rightarrow F_{\mathrm{Bx}} = 27.27(\leftarrow)$$

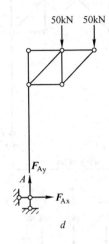

d

（2） C 结点平衡 $\Sigma F_{\mathrm{y}} = 0$

$$F_{\mathrm{y}}' = -25\mathrm{kN}(\mathbb{E}) \Rightarrow F_{\mathrm{x}}' = F_{\mathrm{y}}' = -25\mathrm{kN}(\mathbb{E}) \Rightarrow F = -(27.27 - 25) = -2.27\mathrm{kN}(\mathbb{E})$$

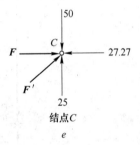

结点 C

e

$$\Sigma F_{\mathrm{y}} = 0 \Rightarrow F_{\mathrm{y}}' = -75\mathrm{kN}(\mathbb{E}) \Rightarrow F_{\mathrm{x}}' = F_{\mathrm{y}}' = -75\mathrm{kN}(\mathbb{E}) \Rightarrow F' = \sqrt{2}F_{\mathrm{x}}' = -106.07\mathrm{kN}(\mathbb{E})$$

（3） 同理 D、E 结点平衡

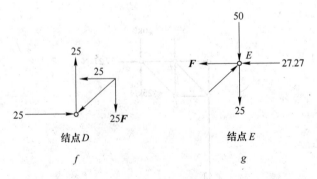

结点 D　　　　　　　　　结点 E

f　　　　　　　　　　　　g

$$\Sigma F_{\mathrm{x}} = 0 \Rightarrow F - F_{\mathrm{x}}' + 2.27 = 0 \Rightarrow F = 72.73\mathrm{kN}(\dot{\mathbb{U}})$$

（4） 作内力图，左半侧与右半侧对称。

$$M = F_{\mathrm{Ax}} \times 8\mathrm{m} = 27.27\mathrm{kN} \times 8\mathrm{m} = 218.16\mathrm{kN} \cdot \mathrm{m}$$

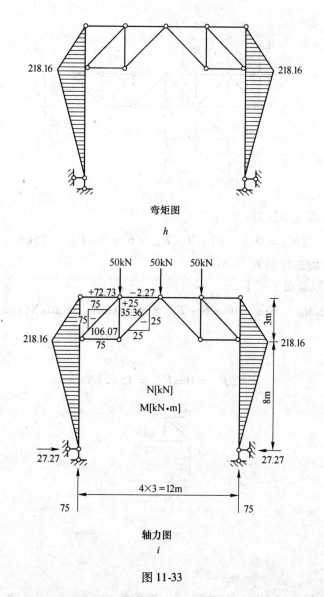

弯矩图

h

轴力图

i

图 11-33

【例 11.3-6】 试用较简便方法求图 11-34 所示桁架中指定杆件的内力。

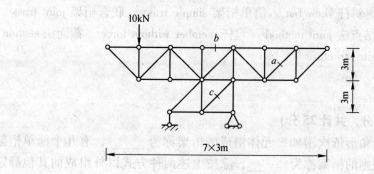

a

解：

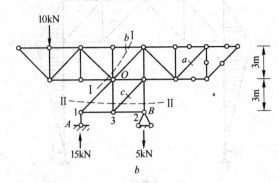

（1）整体分析求支座反力：

$$\sum M_B = 0 \Rightarrow -10 \times 9 + F_{Ay} \times 6 = 0 \Rightarrow F_{Ay} = 15\text{kN}$$

（2）通过零杆判断可知 $F_{Na} = 0$。

（3）求 F_{Nb}：取截面 I — I。

$$\sum M_O = 0 \Rightarrow -10 \times 6 + F_{Nb} \times 3 = 0 \Rightarrow F_{Nb} = 20\text{kN}(\text{拉})$$

（4）结点法：

作截面 II — II。

$$\sum F_x = 0 \Rightarrow F_{Nc} = 15\sqrt{2}\text{kN}$$

15kN

15kN
15kN

15kN

结点1
c

图 11-34

专业词汇

杆件 bar　铰结点 hinge joint　桁架 truss　平面桁架 plane truss　节间 interval　弦杆 chord member　上弦杆 upper chord member　下弦杆 lower chord member　腹杆 web member　竖杆 vertical member　斜杆 skew bar　简单桁架 simple truss　联合桁架 joint truss　复杂桁架 complex truss　结点法 joint method　零杆 member without force　截面法 section method　组合结构 composite structure

专项训练 11.3

一、填空题（每题 5 分，共计 25 分）

1. 由一个基本铰结三角形依次增加二元体组成的桁架称为_____，有几个简单桁架按几何不变体系组成规则的桁架称为_____，除按上述两种方式以外组成的其他静定桁架称为_____。

2. 组合结构是指由链杆和受弯杆件_____的结构，其中链杆只有_____，受弯杆件同时有_____和_____以及剪力。

3. 如图 11-35 所示桁架中杆 1 和杆 2 的轴力 $N_1 =$ _____，$N_2 =$ _____。

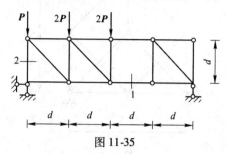

图 11-35

4. 如图 11-36 所示桁架中内力为零的杆件有_____根，并标示在零杆上。

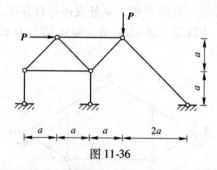

图 11-36

5. 如图 11-37 所示结构中内力为零的杆件有_____根，并标示在零杆上。

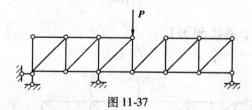

图 11-37

二、判断题（每题 5 分，共计 25 分）

1. 因为零杆的轴力为零，故该杆从该静定结构中去掉，不影响结构的功能。（   ）

2. 如图 11-38 所示桁架中，有 $N_1 = N_2 = N_3 = 0$。（   ）

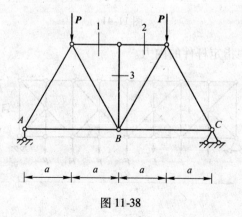

图 11-38

3. 如图 11-39 所示桁架中，连接 E 结点的三根杆件的内力均为零。（ ）

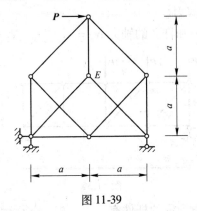

图 11-39

4. 采用组合结构可以减少梁式杆件的弯矩，充分发挥材料强度，节省材料。（ ）

5. 如图 11-40 所示结构中，支座反力为已知值，则由结点 D 的平衡条件即可求得 F_{NCD}。
（ ）

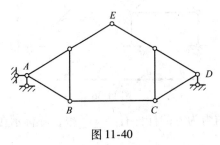

图 11-40

三、计算题（每题 10 分，共计 50 分）

1. 试用结点法计算图 11-41 所示桁架各杆的内力。

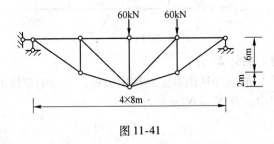

图 11-41

2. 求图 11-42 所示桁架中指定杆件的内力。

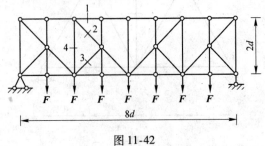

图 11-42

3. 求图 11-43 所示桁架中指定杆件的内力。

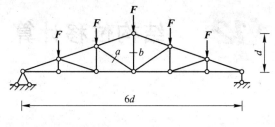

图 11-43

4. 求图 11-44 所示桁架中指定杆件的内力。

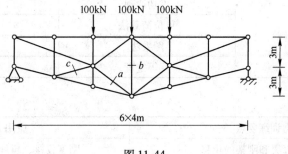

图 11-44

5. 求图 11-45 所示桁架中指定杆件的内力。

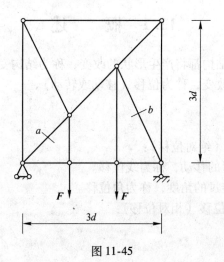

图 11-45

专项训练 11.3 成绩：

优　秀	90～100 分	☐
良　好	80～89 分	☐
中　等	70～79 分	☐
合　格	60～69 分	☐
不合格	60 分以下	☐

结构位移计算

学习指导

【本章知识结构】

知识模块	知识点	掌握程度
静定结构的位移计算	虚功原理	了解
	单位荷载法	掌握
	图乘法	掌握
	互等定理	理解

【本章能力训练要点】

能力训练要点	应用方向
图乘法计算梁和刚架的位移	刚度校核、超静定结构的计算
互等定理的应用	力法方程、位移法方程的建立

12.1 概 述

在荷载等外因作用下结构都将产生形状的改变，称为结构变形。结构变形引起结构上任一横截面位置和方向的改变，称为位移（移动或转动）。

12.1.1 结构的位移

（1）一个截面的位移（绝对位移）：

1）线位移：点的位置的移动，称为线位移。

2）角位移：截面所转过的角度，称为角位移。

（2）两个截面之间的位移（相对位移）：

1）相对线位移；

2）相对角位移。

（3）一个微段杆的位移：

1）相对线位移刚体位移（不计微段的变形）：u、v、θ。

2）相对角位移（反映微段的变形，因此又称为变形位移）：du、dv、$d\theta$。这是描述微段总变形的三个基本参数。

12.1.2 结构位移的主要原因

（1）外荷载；

（2）支座位移；

（3）构件几何尺寸制造误差；

（4）材料收缩等。

12.1.3　计算结构位移的主要目的

（1）校核结构刚度；

（2）为计算其静定结构内力打基础；

（3）以结构的位移计算作为基础的结构稳定分析、动力分析；在结构制造和分工中，用加长和缩短杆件的长度来达到整个结构向上拱起的目的；在静定结构的内力计算中，用调整杆件长度、支座移动来改变结构正、负弯矩的大小，从而达到优化结构的内力分布的目的。

12.2　变形体的虚功原理

12.2.1　虚功原理的两种状态应具备的条件

（1）材料处于线弹性阶段，即应力与应变成正比（$\sigma = E\varepsilon$）。

（2）变形微小，不影响力的作用。

12.2.2　实功与虚功

所谓实功，是指力在其自身引起的位移上所做的功。所谓虚功，是指力在另外的原因（诸如另外的荷载、温度变化、支座移动等）引起的位移上所做的功。

12.2.3　广义力和广义位移

做功的与力有关的因素，称为广义力，可以是单个力、单个力偶、一组力、一组力偶等。Δ 是做功的与位移有关的因素，称为与广义力相应的广义位移，可以是绝对线位移、绝对角位移、相对线位移、相对角位移等。

12.2.4　变形体系的虚功原理

变形体系处于平衡的必要及充分条件是，对于符合约束条件的任意微小虚位移，变形体系上所有外力在虚位移上所做虚功总和等于各微段上内力在其变形虚位移上所做虚功总和。引起结构位移的因素有很多，单位荷载法来源于虚功原理，公式中所有项的实质都是功。

12.3　静定结构的位移计算

12.3.1　单位荷载法

计算结构位移的虚功法是以虚功原理为基础的，所导出的单位荷载法最为实用。单位荷载法能直接求出结构任一截面、任一形式的位移，能适合于各种外因，且能适合于各种结构；还解决了重积分法推导位移方程较烦琐且不能直接求出任一指定截面位移的问题。

12.3.2　静定结构位移计算公式

12.3.2.1　平面杆件结构在荷载作用下的位移计算公式

$$\Delta_{KP} = \Sigma \int \overline{F}_N \cdot \frac{F_{NP}}{EA}ds + \Sigma \int \overline{M} \cdot \frac{M_P}{EI}ds + \Sigma \int \overline{F}_S \cdot k\frac{F_{SP}}{GA}ds$$

A　梁、刚架（主要受弯）

在梁和刚架中，位移主要是弯矩引起的，轴力和剪力的影响较小，因此，位移公式可简化为：

$$\Delta = \Sigma \int \frac{\overline{M}M_P}{EI}ds$$

B　桁架（主要受压）

在桁架中，在结点荷载作用下，各杆只受轴力，而且每根杆的截面面积 A 以及轴力和 FNP 沿杆长一般都是常数，因此，位移公式简化为：

$$\Delta = \Sigma \int \frac{\overline{F}_N F_{NP}}{EA}ds = \Sigma \frac{\overline{F}_N F_{NP} l}{EA}$$

C　组合结构

在组合结构中，梁式杆主要受弯曲，桁杆只受轴力，因此位移公式可简化为：

$$\Delta = \Sigma \int \frac{\overline{M}M_P}{EI}ds + \Sigma \int \frac{\overline{F}_N F_{NP}}{EA}ds$$

12.3.2.2　非荷载作用引起的结构位移计算公式

A　温度改变引起的结构位移

梁刚架：

$$\Delta = \Sigma \int \overline{F}_N \cdot \alpha t ds + \Sigma \int \overline{M} \cdot \frac{\alpha \Delta t}{h}ds$$

如果材料、温度尚沿杆长不变，而且杆件为等截面，则上式可改写为：

$$\Delta = \Sigma \frac{\alpha \Delta t}{h}A_{\overline{M}} + \Sigma \alpha t A_{\overline{F}_N}$$

式中，$A_{\overline{M}}$ 和 $A_{\overline{F}_N}$ 分别为广义引起的杆件弯矩图面积和轴力图面积。

桁架：　　　　$$\Delta = \Sigma \overline{F}_N \alpha t l \qquad \Delta = \Sigma \alpha t A_{W\overline{F}_N} + \Sigma \frac{\alpha \Delta t}{h}A_{W\overline{M}}$$

桁架制造误差位移计算公式：$\Delta = \Sigma \overline{F}_N \cdot \Delta l$

B　支座移动引起的结构位移

$$\Delta = - \Sigma \overline{F}_{R} c$$

12.4　用图乘法计算梁及刚架的位移

12.4.1　图乘法适用条件

（1）杆轴是直线。

（2）EI 为常数。

（3）M_P 与 $\overline{M}$ 中至少有一个是直线图形。

12.4.2　图乘法计算公式

$$\int \frac{\overline{M} M_P}{EI} \mathrm{d}s = \frac{A y_0}{EI}$$

该积分式等于一个弯矩图的面积 A 乘以其形心 C 处所对应的另一直线弯矩图上的竖标 y_0，再除以 EI。

这种以图形计算代替积分运算的位移计算方法，称为图形相乘法（图乘法）。

12.4.3　图乘法计算步骤

（1）作实际荷载弯矩图 M_P 图。

（2）加相应单位荷载，作单位弯矩图 $\overline{M}$ 图。

（3）用图乘法公式求位移。

12.4.4　应用时的注意事项

（1）M_P 图与 $\overline{M}$ 图在杆件同侧时，图乘结果为正；否则图乘结果为负。

（2）y_0 必须取自沿着面积的整个长度内是一直线变化的图形，否则（指折线情况）应分段图乘。

（3）若 M_P 与 $\overline{M}$ 都是直线图形，则纵标取哪个都可。

（4）若为阶形杆，则应分段图乘；若 EI 沿杆长连续变化或是曲杆，则必须积分计算。

12.5　线弹性体系的互等定理

（1）功的互等定理：$W_{12} = W_{21}$；

（2）位移互等定理：$\delta_{ij} = \delta_{ji}$；

（3）反力互等定理：$\gamma_{ij} = \gamma_{ji}$；

（4）反力与位移互等定理：$\gamma_{ij} = - \delta_{ji}$。

以上各互等定理只适用于线弹性体系。

12.6　例　题　详　解

【例 12-1】　试用图乘法求图 12-1 中指定位移（求最大挠度）。

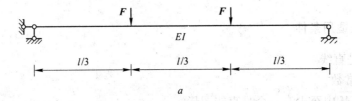

a

解：

此结构为对称结构，只须计算出一半的位移，乘以 2 即可由实际状态的弯矩图和虚拟状态下的弯矩图，图乘即可得到左侧。

（1）作实际荷载弯矩图 M_P 图

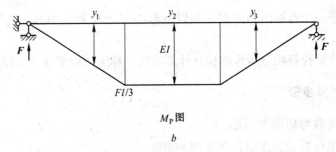

M_P 图

b

（2）加相应单位荷载，作单位弯矩图 $\overline{M}$ 图

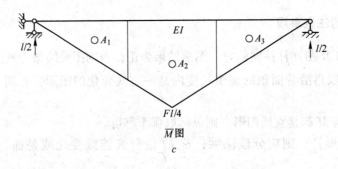

$\overline{M}$ 图

c

图 12-1

$$y_1 = \frac{Fl}{3} \times \frac{2}{3} = \frac{2Fl}{9}$$

$$y_2 = \frac{Fl}{3}$$

$$y_3 = \frac{2Fl}{9}$$

$$A_1 = \frac{l}{3} \times \frac{l}{6} \times \frac{1}{2} = \frac{l^2}{36}$$

$$A_2 = \left(\frac{l}{6} + \frac{l}{4}\right) \times \frac{l}{6} \times \frac{1}{2} \times 2 = \frac{5l^2}{72}$$

（3）代入公式得：

$$y = \sum \frac{A_y}{EI} = \frac{\dfrac{2Fl}{9} \times \dfrac{l^2}{36} + \dfrac{Fl}{3} \times \dfrac{5l^2}{72} + \dfrac{2Fl}{9} \times \dfrac{l^2}{36}}{EI} = \frac{23Fl^3}{648EI}(\downarrow)$$

【例 12-2】 试用图乘法求图 12-2 中指定位移（求 Δ_{Cy}）。

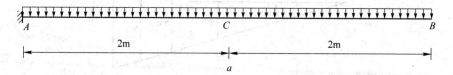

解：

此题应注意 C 点的位置在中间，故只应计算 AC 段。画出 A 点弯矩和 C 点弯矩，再由中点 $\dfrac{1}{8}ql^2 = 10$，与虚拟状态图乘即可。

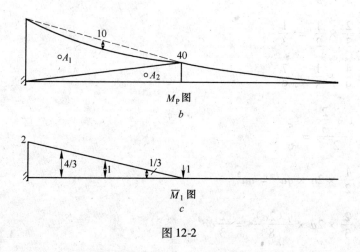

图 12-2

$$\Delta_{Cy} = \frac{Ay}{EI} = \frac{\dfrac{1}{2} \times 2 \times 160 \times \dfrac{4}{3} - \dfrac{2}{3} \times 10 \times 2 \times 1 + \dfrac{1}{2} \times 2 \times 40 \times \dfrac{1}{3}}{EI} = \frac{640}{3EI}(\downarrow)$$

【例 12-3】 试用图乘法求图 12-3 中指定位移（求 φ_B）。

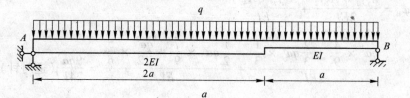

解： 在 B 点施加 $\overline{M}_B = 1$（虚拟状态），因为 AC 段与 BC 段刚度不同，故应分别列公式计算，易求 $M_B = qa^2$。由图乘法则，找出各形心对应距离，如图 12-3 所示即可。

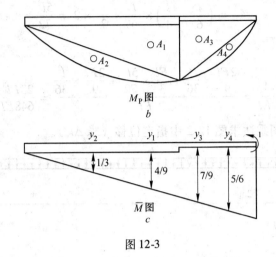

图 12-3

$$y_1 = \frac{2}{3} \times \frac{2}{3} = \frac{4}{9}$$

$$y_2 = \frac{2}{3} \times \frac{1}{2} = \frac{1}{3}$$

$$y_3 = \frac{4}{9} + \frac{1}{3} = \frac{7}{9}$$

$$y_4 = \frac{1 + \dfrac{2}{3}}{2} = \frac{5}{6}$$

$$A_1 = \frac{1}{2} \times 2a \times qa^2 = qa^3$$

$$A_2 = \frac{2}{3} \times 2a \times \frac{q\,(2a)^2}{8} = \frac{2}{3}qa^3$$

$$A_3 = \frac{1}{2} \times a \times qa^2 = \frac{1}{2}qa^3$$

$$A_4 = \frac{2}{3} \times a \times \frac{qa^2}{8} = \frac{1}{12}qa^3$$

$$\varphi_B = \frac{A_1 y_1 + A_2 y_2}{2EI} + \frac{A_3 y_3 + A_4 y_4}{EI}$$

$$= \frac{qa^3 \times \dfrac{4}{9} + \dfrac{2}{3}qa^3 \times \dfrac{1}{3}}{2EI} + \frac{\dfrac{1}{2}qa^3 \times \dfrac{7}{9} + \dfrac{qa^3}{12} \times \dfrac{5}{6}}{EI} = \frac{9qa^3}{24EI}（逆时针）$$

【例 12-4】 求图 12-4 中 C、D 两点距离改变。

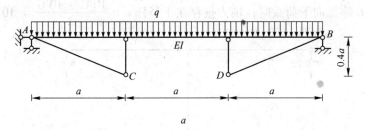

a

解：C、D 两点距离改变，在 C、D 两点加相对方向的力 $\overline{M}_C = \overline{M}_P = 1$，求出虚拟状态弯矩。对于实际状态，桁架杆为零杆，故易求出 M_P，代入图乘法公式，即可。

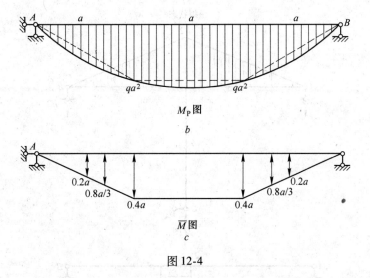

M_P 图

b

$\overline{M}$ 图

c

图 12-4

$$\Delta_{CD} = \frac{2 \times \left(\frac{1}{2}a \times qa^2 + \frac{0.8a}{3} + \frac{2}{3} \times a \times \frac{qa^2}{8} \times 0.2a \right)}{EI} + \frac{a \times qa^2 \times 0.4a + \frac{2}{3} \times a \times \frac{qa^2}{8} \times 0.4a}{EI}$$

$$= \frac{11qa^4}{15EI}（离开）$$

【例 12-5】 结构的温度改变如图 12-5 所示。试求 C 点的竖向位移。各杆截面相同且对称于形心轴，其厚度为 $h = l/10$，材料的线膨胀系数为 α。

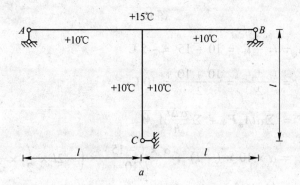

a

解： 当对 C 施加向下荷载时，轴力仅存在于竖杆 $t = \dfrac{10℃ + 10℃}{2} = 10℃$。

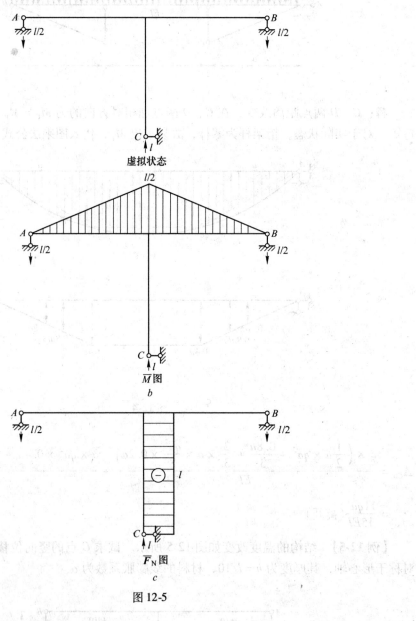

图 12-5

$$\Delta_t = t_2 - t_1 = 10 - 15 = -5℃$$

$$t = \frac{t_1 + t_2}{2} = \frac{10 + 10}{2} = 10℃$$

$$\Delta C_y = \sum \alpha t A_\omega \overline{F}_N + \sum \frac{\alpha \Delta t}{h} A_\omega \overline{M}$$

$$= \alpha \times 10 \times (-l) + \frac{\alpha \times (-15)}{l/10} \times \left(-2l \times \frac{l}{2} \times \frac{l}{2}\right)$$

$$= 15\alpha l(\uparrow)$$

专业词汇

位移 displacement   挠度 deflection   线位移 linear displacement   角位移 angular displacement   广义力 generalized force   广义位移 generalized displacement   应变能 strain energy   虚功原理 principle of virtual work   积分法 method of integration   图乘法 diagram multiplication method   支座移动 variation of supports   互等定理 reciprocal theorems   功的互等定理 reciprocal work theorem   位移互等定理 reciprocal displacement theorem   反力互等定理 reciprocal reaction theorem

专项训练 12

一、填空题（每题 5 分，共计 25 分）

1. 结构变形是指结构的_____发生改变，结构的位移是指结构某点的_____发生改变，其位移又分为_____位移、_____位移。

2. 如图 12-6 所示结构 B 点的竖向位移 Δ_{By} 为_____。

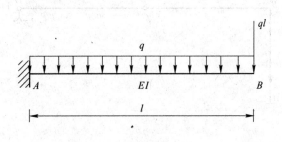

图 12-6

3. 计算刚架在荷载作用下的位移，一般只考虑_____变形的影响，当杆件较短粗时还应考虑_____变形的影响。

4. 虚功原理应用条件是：力系满足_____条件；位移是_____的。

5. 虚位移原理是在给定力系与_____之间应用虚功方程；虚力原理是在_____与给定位移状态之间应用虚功方程。

二、判断题（每题 5 分，共计 25 分）

1. 静定结构中由于支座移动和温度影响产生位移时不产生内力。（   ）

2. 应用虚力原理求体系的位移时，设虚力状态可在需求位移处添加相应的非单位力，亦可求得该位移。（   ）

3. 在荷载作用下，刚架和梁的位移主要由各杆的弯曲变形引起的。（   ）

4. 如图 12-7 所示梁的跨中挠度为零。（   ）

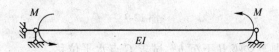

图 12-7

5. 在非荷载因素（支座移动、温度变化、材料收缩）作用下，静定结构不产生内力，但会有位移且位移只与杆件相对刚度有关。（　　）

三、分析计算题（每题 5 分，共计 25 分）

1. 结构分别承受两组荷载作用，如图 12-8a、b 所示，下列等式中哪些是正确的？（各位移均以相应广义力指向一致为正）

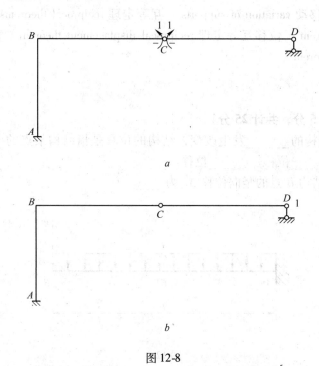

图 12-8

（1）图 12-8a 中 D 截面的转角 = 图 12-8b 中 C 点的水平位移；

（2）图 12-8a 中 C 点的水平位移 = 图 12-8b 中 D 截面的转角；

（3）图 12-8a 中 C 铰两侧截面相对转角 = 图 12-8b 中 D 点的水平位移；

（4）图 12-8a 中 D 点的水平位移 = 图 12-8b 中 C 铰两侧截面相对转角。

2. 在图 12-9 所示桁架中，AD 杆的温度上升 t，试求结点 C 的竖向位移。

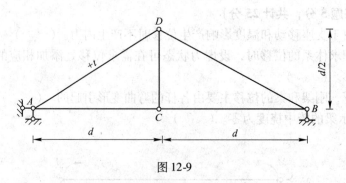

图 12-9

3. 图 12-10 所示简支刚架支座 B 下沉 b，试求 C 点水平位移。

4. 求图 12-11 中刚架支座 D 处的水平位移，EI 为常数，杆件长度均为 L。

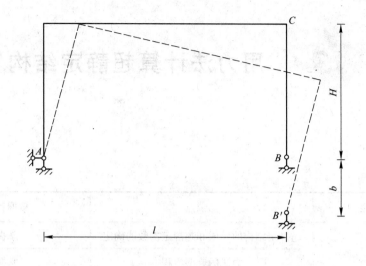

图 12-10

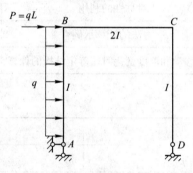

图 12-11

5. 求图 12-12 中 C 的竖向位移 Δ_{Cy}，EA = 常数。

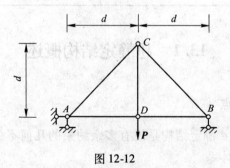

图 12-12

专项训练 12 成绩:

优　秀	90 ~ 100 分	☐
良　好	80 ~ 89 分	☐
中　等	70 ~ 79 分	☐
合　格	60 ~ 69 分	☐
不合格	60 分以下	☐

用力法计算超静定结构

学习指导

【本章知识结构】

知识模块	知识点	掌握程度
力法求解超静定结构	超静定结构的组成和超静定次数的确定	掌握
	力法的典型方程	掌握
	对称性的利用	熟悉
	力法的计算示例	掌握
	支座移动和温度变化时超静定结构的计算	理解

【本章能力训练要点】

能力训练要点	应用方向
超静定次数的确定	建立基本结构
力法方程的应用	计算内力、绘制内力图
对称性的利用	简化计算

13.1 超静定结构概述

13.1.1 超静定结构的特点

（1）在几何组成方面：静定结构是没有多余约束的几何不变体系，而超静定结构则是有多余约束的几何不变体系。

（2）在静力分析方面：静定结构的支座反力和截面内力都可以用静力平衡条件唯一地加以确定，而超静定结构的支座反力和截面内力不能完全由静力平衡条件唯一地加以确定。

13.1.2 超静定次数的确定方法

超静定次数等于多余约束数，也等于变成基本结构所解除的约束数，还等于基本体系上所暴露的约束数。

（1）第 2 章中计算平面体系几何自由度的方法。

（2）在超静定结构中解除多余约束，使其成为静定结构的方法。

1）移去一根支杆或切断一根链杆，相当于解除一个约束。

2）移去一个不动铰支座或切开一个单铰，相当于解除两个约束。

3）移去一个固定支座或切断一根梁式杆，相当于解除三个约束。

4）将固定支座改为不动铰支座或将梁式杆中某截面改为铰结，相当于解除一个转动约束。

13.2　力法的基本概念

13.2.1　转换中的"三个基本"

（1）基本未知量：多余约束力中的力或力矩。

（2）基本体系：受力与原超静定结构相同的静定结构。

（3）基本方程：消除基本体系与原超静定结构在解除多余约束处的位移差别的方程。

13.2.2　基本结构和基本体系

（1）基本结构：将原结构解除多余约束后得到的无任何荷载及外加因素的静定结构。因此，基本结构必须是几何不变且无多余约束的。基本结构只能由原结构减少约束而得到，不能增加新的约束。

（2）基本体系：在基本结构上以基本未知力代替全部被解除的约束，并作用有全部原荷载及外加因素所得的体系，称为基本体系。

13.3　力法的典型方程

推广到 n 次超静定结构：对于一个 n 次超静定结构，有 n 个多余约束，解除全部多余约束，用 n 个多余力代替，得一个静定的基本结构⇒在原结构及 n 个多余力共同作用下，在 n 个解除约束处的位移和原结构位移相同，也就是有 n 个位移条件得 n 个一般方程。

$$\delta_{11}X_1 + \delta_{12}X_2 + K + \delta_{1n}X_n + \Delta_{1P} = 0$$

$$\delta_{n1}X_1 + \delta_{n2}X_2 + K + \delta_{nn}X_n + \Delta_{nP} = 0$$

上面的方程组是力法方程的一般形式。它们在组成上具有一定的规律，而不论超静定结构的次数、类型及所选取的基本结构如何，所得方程都具有上面的形式，各项表示的意义也相同，称为力法典型方程。

以上方程式中：

（1）δ_{ii}：主系数。基本结构在多余未知力 $X_i = 1$ 下在自身方向上产生的位移大小，恒为正。

$$\delta_{ii} = \Sigma \int \frac{\overline{M_i^2} \mathrm{d}s}{EI} + \Sigma \int \frac{\overline{F_{Ni}^2} \mathrm{d}s}{EA} + \Sigma \int u \frac{\overline{F_{Si}^2} \mathrm{d}s}{GA}$$

（2）δ_{ij}：副系数。基本结构在多余未知力 $X_i = 1$ 下在 X_j 方向上产生的位移大小，可为正、负、零。

$$\delta_{ij} = \delta_{ji} = \Sigma \int \frac{\overline{M_i}\,\overline{M_j} \mathrm{d}s}{EI} + \Sigma \int \frac{\overline{F_{Ni}}\,\overline{F_{Nj}} \mathrm{d}s}{EA} + \Sigma \int u \frac{\overline{F_{Si}}\,\overline{F_{Sj}} \mathrm{d}s}{GA}$$

（3）Δ_{iP}：自由项。基本结构在荷载作用下在第 i 个多余未知力方向上产生的位移大小，可为正、负、零。

$$\Delta_{iP} = \Sigma \int \frac{\overline{M_i} M_P \mathrm{d}s}{EI} + \Sigma \int \frac{\overline{F_{Ni}} F_{NP} \mathrm{d}s}{EA} + \Sigma \int u \frac{\overline{F_{Si}} F_{SP} \mathrm{d}s}{GA}$$

13.4　力法的计算步骤

（1）确定结构的超静定次数，以多余未知力代替相应的多余约束，得到原结构的力法基本体系；

（2）建立力法典型方程并展开；

（3）计算系数与自由项；

（4）求解典型方程；

（5）由叠加法绘制结构内力图。

13.5　对称性结构简化计算

所谓结构的对称性，是指结构的几何形状、内部联结、支撑条件以及杆件刚度均对于某一轴线是对称的。对于对称结构，可以利用其对称性进行简化计算。

13.5.1　选取对称的基本结构

（1）简化副系数；

（2）简化自由项。

1）对称荷载在对称结构中只引起对称的反力、内力和变形。因此，反对称的未知力必等于零，而只有对称未知力。

2）反对称荷载在对称结构中只引起反对称的反力、内力和变形。因此，对称的未知力必等于零，而只有反对称未知力。

（3）当对称结构上作用任意荷载时，一般做法是，可以根据求解的需要把荷载分解为对称荷载和反对称荷载两部分，按两种荷载分别计算后再叠加。

13.5.2　选取等效的半结构

13.5.2.1　奇数跨对称刚架

在对称荷载作用下，只产生对称的内力和位移，C 处不发生角位移和水平线位移，该

截面上只有 M、N，而无 Q——定向支座（图 13-1）。

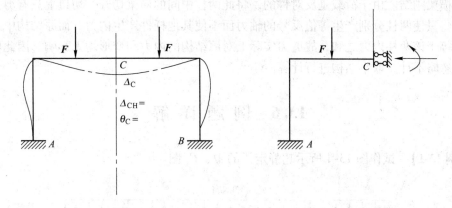

图 13-1

在反对称荷载作用下，只产生反对称的内力和位移，C 无竖向位移，但有水平位移及角位移，相应地，只有 Q，而无 M、N——活动铰支座（图 13-2）。

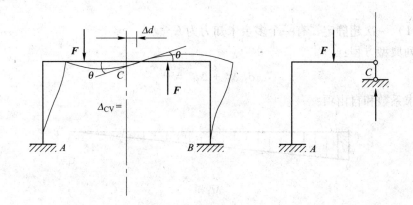

图 13-2

13.5.2.2 偶数跨对称刚架

在对称荷载作用下，只产生对称的内力和位移，C 处不发生角位移和水平线位移，也无竖向位移的产生——固定支座（图 13-3）。

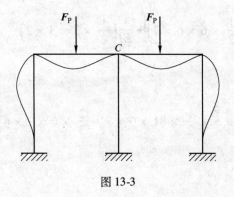

图 13-3

在反对称荷载作用下，将其中间柱设想为由两根刚度各为 $I/2$ 竖柱组成，它们在顶端分别与横梁刚结。由于荷载是反对称的，将此两柱中间的横梁切开，切口上只有剪力。这对剪力将只使两柱分别产生等值反号的轴力而不使其他杆件产生内力。而原结构中间柱的内力是等于该两柱内力之和，故剪力实际上对原结构的内力和变形均无影响。因此可将其去掉，忽略不计，取半结构进行计算。

13.6　例 题 详 解

【**例 13-1**】　试作图 13-4 所示超静定梁的 M、F_s 图。

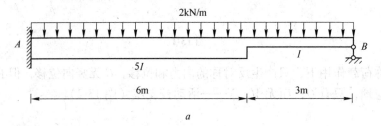

a

解：（1）一次超静定，有一个多余未知力为 X_1。

（2）列典型方程：

$$\delta_{11}X_1 + \Delta_{1P} = 0$$

（3）求系数和自由项：

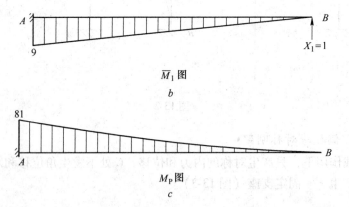

$\overline{M}_1$ 图

b

M_P 图

c

$$\delta_{11} = \frac{1}{5EI}\left(3 \times 6 \times 6 + \frac{1}{2} \times 6 \times 6 \times 7\right) + \frac{1}{EI}\left(\frac{1}{2} \times 3 \times 3 \times 2\right)$$

$$= \frac{55.8}{EI}$$

$$\Delta_{1P} = -\frac{1}{5EI}\left(\frac{1}{2} \times 6 \times 9 \times 5 + \frac{1}{2} \times 81 \times 6 \times 7 - \frac{2}{3} \times 6 \times 9 \times 6\right) - \frac{1}{EI}\left(\frac{1}{3} \times 3 \times 9 \times \frac{9}{4}\right)$$

$$= -\frac{344.25}{EI}$$

（4）代入方程，求得：

$$X_1 = -\frac{\Delta_{1P}}{\delta_{11}} = \frac{344.25}{EI} \times \frac{EI}{55.8} = 6.17\text{kN}$$

（5）利用叠加原理，绘制弯矩图。

$$M = \overline{M_1}X_1 + M_P$$

$$M_A = 9 \times 6.17 - 81 = -25.47\text{kN} \cdot \text{m}(\text{上部受拉})$$

$$\Sigma M_A = 0$$

$$2 \times 9 \times \frac{9}{2} - 6.17 \times 9 - F_{SB} \times 9 - 25.47 = 0$$

$$F_{SB} = 0$$

$$F_{SA} = 2 \times 9 - 6.17 = 11.83\text{N}(\text{顺时针})$$

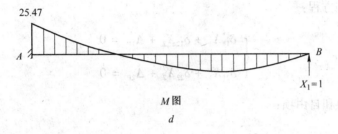

M 图

d

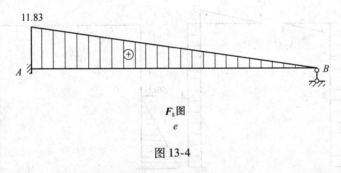

F_s 图

e

图 13-4

【例 13-2】 用力法作图 13-5 中刚架的 M 图。

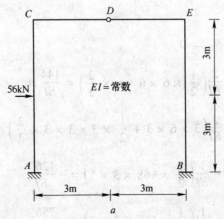

a

解：（1）这是二次超静定结构，作出基本体系，未知力为 X_1，X_2。

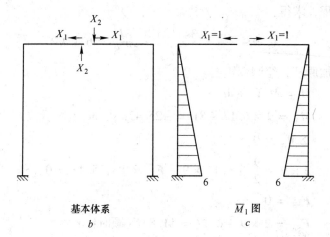

基本体系
b

$\overline{M}_1$ 图
c

（2）列典型方程：

$$\begin{cases} \delta_{11}X_1 + \delta_{12}X_2 + \Delta_{1P} = 0 \\ \delta_{21}X_1 + \delta_{22}X_2 + \Delta_{2P} = 0 \end{cases}$$

（3）求系数和自由项：

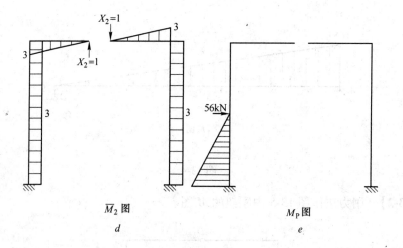

$\overline{M}_2$ 图
d

M_P 图
e

$$\delta_{12} = \delta_{21} = 0$$

$$\delta_{11} = \frac{2}{EI}\left(\frac{1}{2} \times 6 \times 6 \times 6 \times \frac{2}{3}\right) = \frac{144}{EI}$$

$$\delta_{22} = \frac{2}{EI}\left(3 \times 6 \times 3 + \frac{1}{2} \times 3 \times 3 \times 3 \times \frac{2}{3}\right) = \frac{126}{EI}$$

$$\Delta_{1P} = -\frac{1}{EI}\left(\frac{1}{2} \times 168 \times 3 \times 5\right) = -\frac{1260}{EI}$$

$$\Delta_{2P} = -\frac{1}{EI}\left(\frac{1}{2} \times 168 \times 3 \times 3\right) = -\frac{756}{EI}$$

（4）代入方程，求得：

$$\begin{cases}\delta_{11}X_1 + \delta_{12}X_2 + \Delta_{1P} = 0 \\ \delta_{21}X_1 + \delta_{22}X_2 + \Delta_{2P} = 0\end{cases} \Rightarrow \begin{cases}X_1 = 8.75\text{kN（压力）} \\ X_2 = 6\text{kN（逆时针剪力为负）}\end{cases}$$

（5）绘制弯矩图。

$$M = \overline{M_1}X_1 + \overline{M_2}X_2 + M_P$$

$$M_{AC} = 6 \times 8.75 + 3 \times 6 - 168 = -97.5\text{kN}\cdot\text{m（外侧受拉）}$$

$$M_{FA} = 3 \times 8.75 + 3 \times 6 = 44.25\text{kN}\cdot\text{m（内侧受拉）}$$

$$M_{BE} = 6 \times 8.75 - 3 \times 6 = 34.5\text{kN}\cdot\text{m（内侧受拉）}$$

$$M_{CA} = 3 \times 6 = 18\text{kN}\cdot\text{m（内侧受拉）}$$

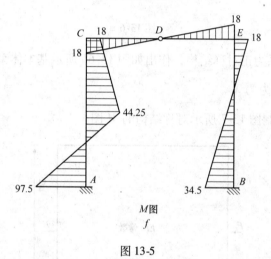

M图
f

图 13-5

【例 13-3】 用力法计算图 13-6 所示桁架内力。

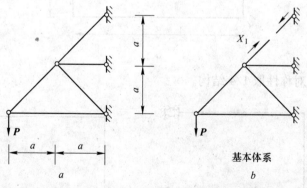

基本体系

a
b

解：（1）取基本未知量 X_1，建立基本体系：

（2）建立力法基本方程：$\delta_{11}X_1 + \Delta_{1P} = 0$

$$\delta_{11} = \frac{(2 + 2\sqrt{2})a}{EA}$$

（3）计算系数、自由项：

$$\Delta_{1P} = -\frac{(2 + 2\sqrt{2})}{EA}Pa$$

（4）代入方程，求得 $X_1 = P$。

（5）按 $N = \overline{M}X_1 + N_P$ 求各杆内力。

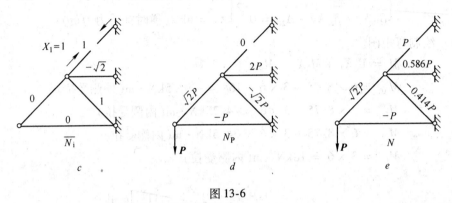

图 13-6

解题过程：此体系为正对称结构，作出如图 13-6b 所示基本体系，易知所选点处的剪力为 $F_N = \dfrac{F}{2}$，未知反力为 X_1。

【例 13-4】　试绘制图 13-7 所示对称结构的 M 图。

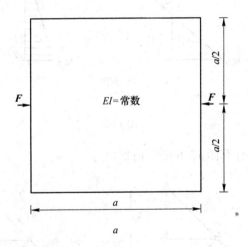

a

解：（1）利用对称性取 1/4 结构。

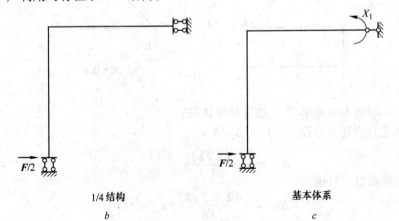

b　　　　　　　　　　　　　　　　　c

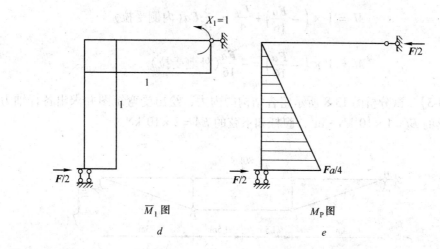

$\overline{M}_1$ 图 M_P 图

d   e

（2）列典型方程：

$$\delta_{11}X_1 + \Delta_{1P} = 0$$

（3）求系数和自由项：

$$\delta_{11} = \frac{2}{EI}\left(1 \times \frac{a}{2} \times 1\right) = \frac{a}{EI}$$

$$\Delta_{1P} = \Sigma \int \frac{\overline{M}_1 M_P}{EI}ds = \frac{1}{EI}\left(\frac{1}{2} \times \frac{Fa}{4} \times \frac{a}{2} \times 1\right) = \frac{Fa^2}{16EI}$$

（4）代入方程，求得：

$$X_1 = -\frac{\Delta_{1P}}{\delta_{11}} = -\frac{Fa}{16}$$

（5）利用叠加原理，绘制弯矩图。

$$M = \overline{M}_1 X_1 + M_P$$

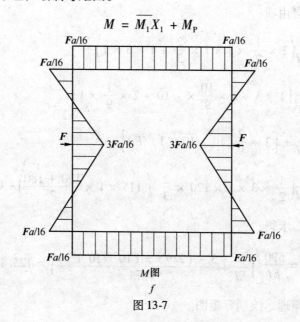

M图

f

图 13-7

$$M = 1 \times \left(-\frac{Fa}{16} \right) + \frac{Fa}{4} = \frac{3}{16}Fa(\text{内侧受拉})$$

$$M = 1 \times \left(-\frac{Fa}{16} \right) = -\frac{Fa}{16}(\text{外侧受拉})$$

【例13-5】 试分析图13-8所示组合结构的内力，绘出受弯矩图并求出各杆轴力。已知上弦横梁的 $EI = 1 \times 10^4 \text{kN} \cdot \text{m}^2$，腹杆和下弦的 $EA = 2 \times 10^5 \text{kN}$。

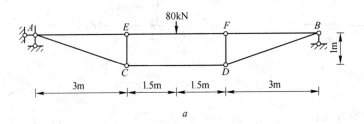

a

解：（1）这是一次超静定组合结构，未知力为 X_1。

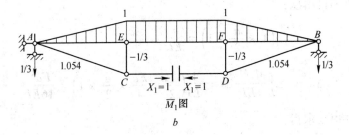

$\overline{M}_1$图

b

（2）列典型方程：

$$\delta_{11}X_1 + \Delta_{1P} = 0$$

（3）求系数和自由项：

$$\delta_{11} = \frac{1}{EI}\left(2 \times \frac{1}{2} \times 3 \times 1 \times \frac{2}{3} + 1 \times 3 \times 1 \right) +$$

$$\frac{1}{EA}\left(1 \times 3 + 2 \times \frac{10}{9} \times \sqrt{10} + 2 \times \frac{1}{9} \times 1 \right)$$

$$= \frac{5}{EI} + \left[3 + \frac{2}{9}(10\sqrt{10} + 1) \right] / EA$$

$$\Delta_{1P} = \frac{2}{EI}\left(\frac{1}{2} \times 3 \times 1 \times 120 \times \frac{2}{3} + 115 \times 1 \times \frac{120 + 180}{2} \right) + 0 = \frac{690}{EI}$$

（4）代入方程，求得：

$$X_1 = -\frac{\Delta_{1P}}{\delta_{11}} = \frac{690}{EI} \bigg/ \left[\frac{5}{EI} + \frac{3 + (2/9) \times (10\sqrt{10} + 1)}{EA} \right] = 125.17\text{kN}(\rightarrow\leftarrow)$$

（5）利用叠加原理，绘制弯矩图。

$$M_E = M_F = -1 \times 125.17 + 120 = -5.17 \text{kN} \cdot \text{m}(\text{上部受拉})$$

$$M_{80\text{kN}} = -1 \times 125.17 + 180 = 54.83 \text{kN} \cdot \text{m}(\text{下部受拉})$$

$$F_{NCE} = F_{NDF} = -\frac{1}{3} \times 125.17 = -41.72 \text{kN}(\text{压力})$$

$$F_{NAC} = F_{NBD} = -\frac{\sqrt{10}}{3} \times 125.17 = 131.94 \text{kN}(\text{拉力})$$

$$F_{NCD} = 1 \times 125.17 = 125.17 \text{kN}(\text{拉力})$$

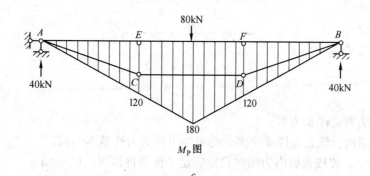

M_P 图

c

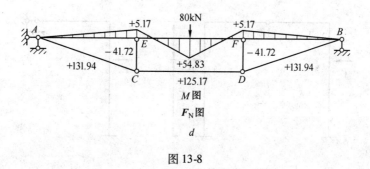

M 图

F_N 图

d

图 13-8

专业词汇

超静定结构 statically indeterminate structure   超静定次数 degree of indeterminate   多余未知力 redundant unknown force   基本结构 basic structure   基本体系 basic system   力法 force method   力法的基本方程 basic equation of force method   连续梁 continuous beam   排架 bent   两铰拱 two-hinged arch   对称 symmetry   反对称 antisymmetry

专项训练 13

一、填空题

1. 力法方程中柔度系数 δ_{ij} 代表_____，自由项 Δ_{iP} 代表_____。

2. 力法方程中的主系数的符号必为_____，副系数和自由项的符号可能为_____。

3. 图 13-9 所示对称结构在水平荷载作用下，$M_{BC} = $_____，_____侧受拉。

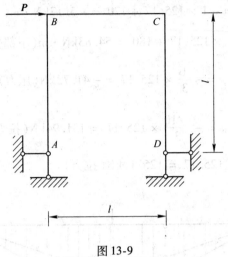

图 13-9

二、判断题

1. 力法的基本方程是平衡方程。（　　）

2. n 次超静定结构，任意去掉 n 个多余约束均可作为力法基本结构。（　　）

3. 在力法计算中，校核最后内力图时只要满足平衡条件即可。（　　）

4. 在对称荷载作用下，可取图 13-10b 所示半刚架来计算。（　　）

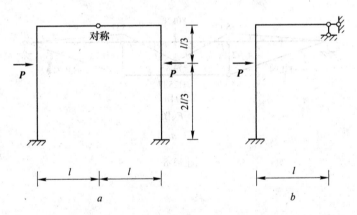

图 13-10

5. 设有静定与超静定两个杆件结构，二者除了支撑情况不同外，其余情况完全相同，则在同样的荷载作用下超静定杆件的变形比静定的大。（　　）

三、计算题

1. 试作图 13-11 所示超静定梁的 M、F_s 图。

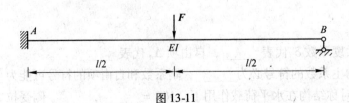

图 13-11

2. 试作图 13-12 所示超静定梁的 M、F_s 图。

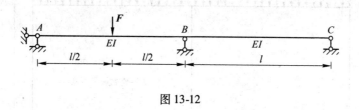

图 13-12

3. 试用力法分析图 13-13 所示刚架，绘制 M、F_s、F_N 图。

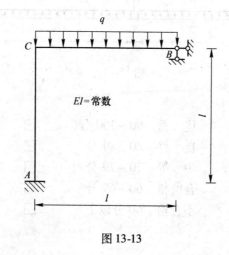

图 13-13

4. 试求图 13-14 所示超静定桁架各杆的内力（各杆 EA 相同）。

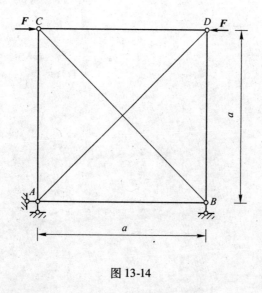

图 13-14

5. 试绘制图 13-15 所示对称结构的 M 图。

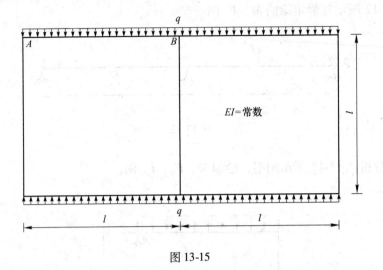

图 13-15

专项训练 13 成绩：

优　秀	90～100 分	☐
良　好	80～89 分	☐
中　等	70～79 分	☐
合　格	60～69 分	☐
不合格	60 分以下	☐

位移法和力矩分配法

14.1 位 移 法

学习指导

【本节知识结构】

知识模块	知识点	掌握程度
位移法计算结构的内力、绘制内力图	等截面直杆的形常数和载常数	理解
	位移法的基本未知量和基本结构	掌握
	位移法的典型方程	掌握
	位移法计算示例	掌握

【本节能力训练要点】

能力训练要点	应用方向
等截面直杆的形常数和载常数	位移法、力矩分配法的基础
位移法基本未知量	建立基本结构
直接平衡法建立位移法方程	计算内力、绘制内力图

14.1.1 概述

在位移法分析中，需要解决以下三个问题：

（1）确定杆件的杆端内力与杆端位移及荷载之间的函数关系（即杆件分析或单元分析）。

（2）选取结构上哪些结点位移作为基本未知量。

（3）建立求解这些基本未知量的位移法方程（即整体分析）。

14.1.2 等截面直杆的转角位移方程

14.1.2.1 两端固支梁

$$M_{AB} = 4i\theta_A + 2i\theta_B - 6i\frac{\Delta}{l} + M_AF_B$$

$$M_{BA} = 2i\theta_A + 4i\theta_B - 6i\frac{\Delta}{l} + M_BF_A$$

记忆口诀：近 4 远 2 侧 – 6，固端弯矩不能弯。

14.1.2.2　一端固支一端铰支梁

$$M_{AB} = 3i\theta_{AB} - 3i\frac{\Delta}{l} + M_AF_B, M_{BA} = 0$$

记忆口诀：近角 3，侧 – 3，还要加固弯。

14.1.2.3　一端固支一端滑动支座梁

$$M_{AB} = i\theta_A - i\theta_B + M_AF_B$$

$$M_{BA} = i\theta_B - i\theta_A + M_BF_A$$

记忆口诀：近角 i，远角 $-i$，还要加固弯。

在以上关系式中，M_{AB}、M_{BA} 分别为 A、B 端的杆端弯矩，顺时针方向为正；i 为杆件的线刚度，$i = EI/l$；θ_A、θ_B 分别为 A、B 端的转角，顺时针方向为正；Δ 为杆件两端的相对侧移，以使杆件顺时针方向转动为正；M_AF_B、M_BF_A 分别为由杆上荷载引起的 A、B 两端的固端弯矩，顺时针方向为正（图 14-1）。

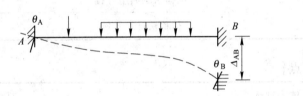

图 14-1

14.1.3　位移法的基本未知量和基本结构

14.1.3.1　位移法基本未知量的确定

位移法基本未知量是结构的结点位移，包括结点的转角位移和独立的结点线位移两种。

A　结点独立角位移数

一般等于刚结点数加上组合结点（半铰结点）数。但须注意当有阶形杆截面改变处的转角或抗转动弹性支座的转角时，应一并计入在内。至于结构固定支座处，因其转角等于零或为已知的支座位移值；铰结点或铰支座处，因其转角不是独立的，所以，都不作为位移法的基本未知量。

B　独立的结点线位移数

（1）简化条件。不考虑由于轴向变形引起的杆件的伸缩（同力法），也不考虑由于弯曲变形而引起的杆件两端的接近。因此，可认为这样的受弯直杆两端之间的距离在变形后仍保持不变，且结点线位移的弧线可用垂直于杆件的切线来代替。

（2）确定方法——铰化结点，增设链杆。对于复杂刚架，可将结构中所有结点均改为铰结点，然后在这个体系中增设链杆，使体系恰好成为几何不变体系，则增设的链杆数就是独立结点线位移未知量的数目。

（3）说明。当刚架中有需要考虑轴向变形（$EA = \infty$）的二力杆时，其两端距离就不能再看作不变；当刚架中有（$EI = \infty$）刚性杆时，结点独立角位移数等于全为弹性杆汇交的刚结点数与组合结点数之和；独立的结点线位移数等于使仅将弹性杆端改为铰结的体系成为几何不变所需增设的最少链杆数。

14.1.3.2 基本结构

位移法基本结构为单跨超静定梁的组合体。

在原结构可能发生独立位移的结点上加上相应的附加约束：

（1）在每个刚结点上施加附加刚臂，控制刚结点的转动，但不能限制结点的线位移；

（2）在每个产生独立结点线位移的结点上，沿线位移方向施加附加链杆，控制该结点该方向的线位移；

原结构——彼此独立的单跨超静定梁。

14.1.4 位移法的典型方程及计算步骤

14.1.4.1 位移法典型方程

对于一个超静定结构，若加上几个附加联系后⇒基本结构（单跨超静梁的组合体），相应地，有 n 个位移（基本）未知量（独立的刚结点的角位移 + 独立的结点线位移），则依据基本结构在原荷载和 n 个基本未知量（位移）共同作用下，使每个附加联系上的总约束力（总反力偶或反力）都等于 0 的静力平衡条件，便可写出 n 个方程：

$$r_{i1}Z_1 + r_{i2}Z_2 + \cdots + r_{in}Z_n + R_{ip} = 0(i = 1, 2, \cdots, n)$$

（1）与力法典型方程类似：组成上具有一定的规律，具有副系数互等的关系，且不管结构类型（形状）如何，只要具有 n 个基本位移未知量，位移法方程就有统一的形式，各项含义也一样。

（2）主系数（主反力）r_{ii}：$r_{ii} > 0$；副系数（副反力）$r_{ij}(i \neq j$，$r_{ij} = r_{ji})$：$r_{ij} \geqslant 0$ 或 < 0；自由项（荷载项）R_{ip}：+、−、0。

（3）正、负号规定：所有系数和自由项（力或力偶）与所属附加联系相应的位移所设方向一致为正，反之为负。

（4）系数及自由项：从系数和自由项的含义可知：基本结构在结点单位位移或荷载的单独作用下附加联系上的反力或反力偶，所有只要分别作出基本结构在 $\overline{Z}_i = 1$ 及荷载单独作用下的弯矩图 $\overline{M}_i$ 和 M_p，便可用结点力矩平衡条件和隔离体力的平衡条件求出所有的系数和自由项。

14.1.4.2 计算步骤

（1）原结构（加上一定的附加联系）⇒基本结构（单跨超静定梁的组合体），同时确定了位移法的基本未知量；

（2）建立位移法典型方程（统一形式）；

（3）求出所有系数及自由项（作出$\overline{M_i}$、M_p图由结点力矩或隔离体力的平衡条件）；

（4）代入位移法典型方程，求出所有的基本未知量Z_i；

（5）叠加出最后M图，$M = M_p + \sum Z_i \cdot \overline{M_i}$。

14.1.5　直接由平衡条件建立位移法基本方程

借助于杆件的转角位移方程，根据先"拆散"、后"组装"结构的思路，直接由原结构的结点和截面平衡条件来建立位移法方程，这就是直接平衡法。

从计算过程可知位移法的基本方程都是平衡方程。对应每一个转角未知量，有一个相应的结点力矩平衡方程；对应每一个独立的结点线位移未知量，有一个相应截面上的力的平衡方程。

14.1.6　例题详解

【**例14.1-1**】　试用位移法计算图14-2的刚架，绘制弯矩图。$EI =$常数。

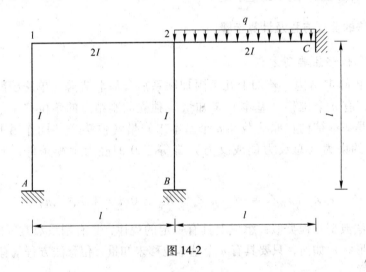

图 14-2

解：

（1）此刚架基本未知量为结点1和2的角位移z_1、z_2，在结点1、2处加附加刚臂，即得基本结构。

（2）直接平衡法列方程，得：

$$\sum M_1 = 0 \Rightarrow M_{1A} + M_{12} = 0$$

$$\sum M_2 = 0 \Rightarrow M_{21} + M_{2B} + M_{2C} = 0$$

$$M_{1A} = 4iZ_1 = -\frac{2}{336}ql^2 \qquad M_{A1} = 2iZ_1 = -\frac{1}{336}ql^2$$

$$M_{12} = 8iZ_1 + 4iZ_2 = \frac{2}{336}ql^2 \qquad M_{B2} = 2iZ_2 = \frac{3}{336}ql^2$$

$$M_{12} = 8iZ_1 + 4iZ_2 = \frac{2}{336}ql^2 \qquad M_{2C} = 4iZ_2 + \frac{ql^2}{12} = \frac{34}{336}ql^2$$

$$M_{2B} = 4iZ_2 = \frac{6}{336}ql^2 \qquad\qquad M_{2C} = 8iZ_2 - \frac{ql^2}{12} = -\frac{16}{336}ql^2$$

（3）求出基本未知量：

$$\begin{cases} 12iZ_1 + 4iZ_2 = 0 \\ 20iZ_2 + 4iZ_1 - \dfrac{ql^2}{12} = 0 \end{cases} \Rightarrow \begin{cases} Z_1 = -\dfrac{ql^2}{672i} \\ Z_2 = \dfrac{ql^2}{224i} \end{cases}$$

（4）绘制弯矩图，如图 14-3 所示。

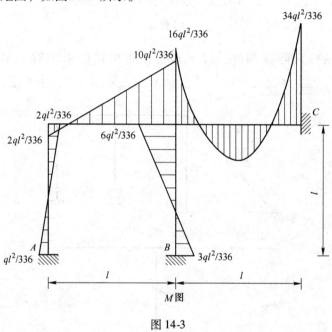

图 14-3

专业词汇

结点线位移 joint linear displacement　结点角位移 joint angular displacement　刚臂 rigid arm
固端弯矩 fixed end moment　形常数 shape constant　载常数 load constant　线刚度 linear
stiffness　位移法 displacement method　基本结构 basic structure　基本体系 basic system
位移法的基本未知量 primary unknowns in displacement method　位移法典型方程 canonical
equation of displacement method　无侧移刚架 rigid frame without sideways　有侧移刚架 rigid
frame with sideways　转角位移方程 slope-deflection equation

专项训练 14.1

一、填空题（每题 5 分，共计 25 分）

1. 在确定位移法的基本未知量时，考虑了汇交于结点各杆端间的＿＿＿＿＿＿。
2. 杆件杆端转动刚度的大小取决于＿＿＿＿＿＿与＿＿＿＿＿＿。
3. 图 14-4 所示结构（不计轴向变形）的 $M_{AB} = $＿＿＿＿＿＿。
4. 校核位移法计算结果的依据是要满足＿＿＿＿＿＿条件。

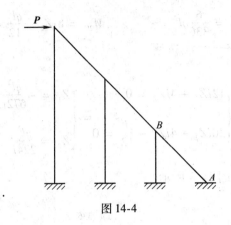

图 14-4

5. 图 14-5 所示结构（除注明外，EI = 常数）用位移法求解时的基本未知量数目：
a _____；b _____；c _____；d _____；e _____；f _____；g _____；h _____。

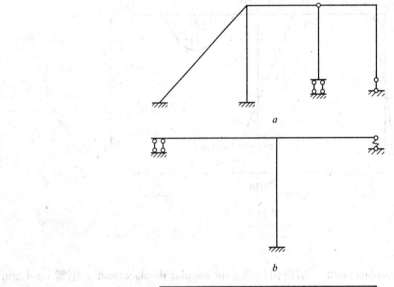

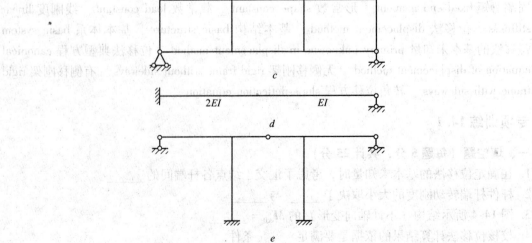

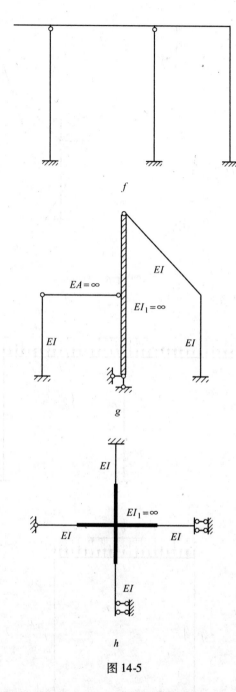

图 14-5

二、判断题（每题 5 分，共计 25 分）

1. 超静定结构中杆端弯矩只取决于杆端位移。（　　）

2. 位移法是以某些结点位移作为基本未知数，先求位移，再据此推求内力的一种结构分析的方法。（　　）

3. 图 14-6*b* 所示为图 14-6*a* 所示结构用位移法计算时的图。（　　）

4. 图 14-7*a* 所示为对称结构，用位移法求解时可取半边结构如图 14-7*b* 所示。（　　）

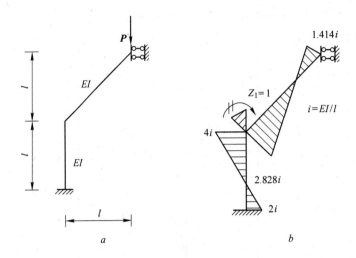

图 14-6

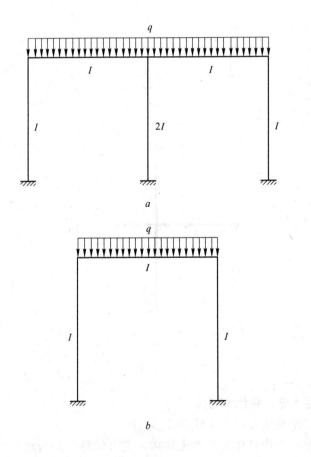

图 14-7

5. 图 14-8b 所示为图 14-8a 的弯矩图。（   ）

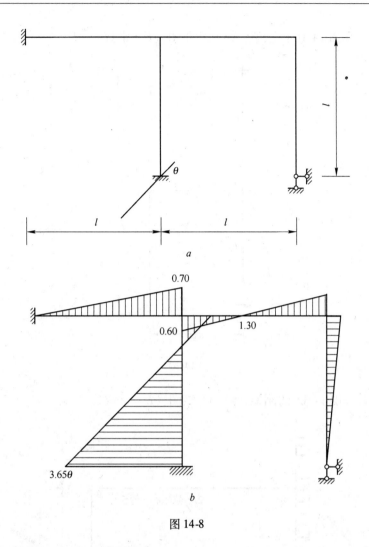

图 14-8

三、计算题（每题 10 分，共计 50 分）

1. 试用位移法计算图 14-9 的刚架，绘制弯矩图（ E = 常数）。

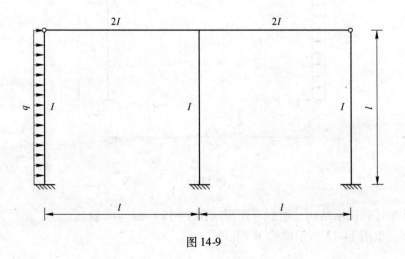

图 14-9

2. 试用位移法计算图 14-10 的刚架，绘制弯矩图（E = 常数）。

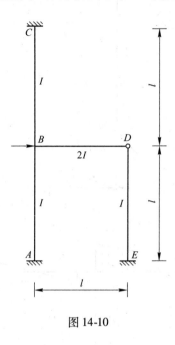

图 14-10

3. 试用位移法计算图 14-11 的刚架，绘制弯矩图（E = 常数）。

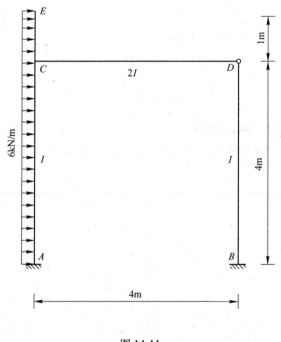

图 14-11

4. 试用位移法计算图示结构，绘制弯矩图（图 14-12）（E = 常数）。

5. 试用位移法求图 14-13 所示结构 M 图。

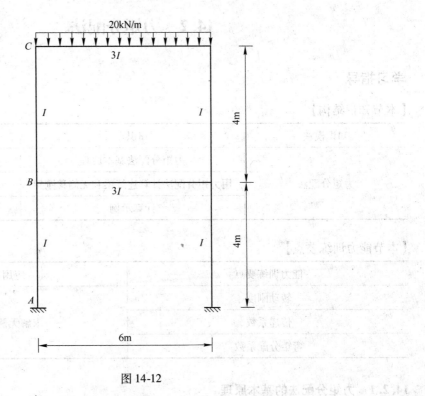

图 14-12

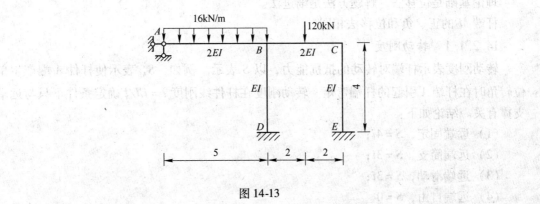

图 14-13

专项训练 14.1 成绩:

优　秀　90～100 分	□
良　好　80～89 分	□
中　等　70～79 分	□
合　格　60～69 分	□
不合格　60 分以下	□

14.2　力矩分配法

学习指导

【本节知识结构】

知识模块	知识点	掌握程度
力矩分配法	力矩分配法基本原理	掌握
	用力矩分配法计算连续梁和无侧移刚架	掌握
	计算示例	掌握

【本节能力训练要点】

能力训练要点	应用方向
转动刚度	
传递系数	求解无侧移结构
弯矩分配系数	

14.2.1　力矩分配法的基本原理

理论基础是位移法，解题方法是渐进法。

杆端 M 的正、负和位移法相同。

14.2.1.1　转动刚度

转动刚度表示杆端对转动的抵抗能力，以 S 表示。例如，S_{AB} 表示使杆件 A 端产生单位转角时在杆端 A 引起的杆端弯矩。转动刚度在杆件线刚度 $i = EI/l$ 确定条件下只与远端支撑有关。结论如下：

（1）远端固定，$S = 4i$；

（2）远端简支，$S = 3i$；

（3）远端滑动，$S = 3i$；

（4）远端自由，$S = 0$。

14.2.1.2　分配系数

在连接于结点 A 的各杆中将杆 A_j 的转动刚度与交于结点 A 的各杆转动刚度之和的比值定义杆 A_j 在结点 A 的分配系数，并以 uA_j 表示，且 $uA_j = \dfrac{S_{ij}}{\sum\limits_i S_{ij}}$。同一结点的各杆分配系数之间存在下列关系：

$$\Sigma \mu A_j = 1$$

14.2.1.3　传递系数

当杆件近端有转角时，远端弯矩与近端弯矩的比值称为传递系数，用 C 表示。对等截面杆件，传递系数 C 因远端的支撑情况不同而异。

（1）远端固定，$C = 1/2$；

（2）远端滑动，$C = -1$；

（3）远端铰支，$C = 0$。

14.2.2　用力矩分配法计算连续梁和无侧移刚架

14.2.2.1　单结点力矩分配法的计算步骤

（1）固定结点：加入刚臂，此时各杆端有固端弯矩，而结点上有不平衡弯矩，它暂时由刚臂承受。

（2）放松结点：取消刚臂，让结点转动。相当于在结点上加入一个反号的不平衡力矩，于是不平衡力矩被消除而结点获得平衡。此反号的不平衡力矩将按劲度系数大小的比例分配给各近端，于是各近端弯矩等于固端弯矩与分配弯矩之和，而远端弯矩等于固端弯矩与传递弯矩之和。

（3）杆端固端弯矩、全部分配弯矩和传递弯矩的代数和即为该杆端的最终杆端弯矩。

14.2.2.2　多结点力矩分配法的计算步骤

对多结点（位移）结构，弯矩分配法的思路是：首先将全部结点锁定，然后从不平衡力矩最大的一结点开始，在锁定其他结点条件下放松该结点使其达到"平衡"（包括分配和传递）；接着重新锁定该结点，放松不平衡力矩次大的结点，如此一轮一轮逐点放松，直至不平衡力矩小到可忽略不计；最后累加固定弯矩、分配弯矩和传递弯矩得结果。

14.2.3　例题详解

【例 14.2-1】

用力矩分配法计算图 14-14a 所示连续梁，作弯矩图。并求中间支座的支座反力。

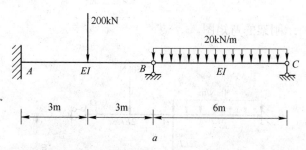

a

解：结点 B 的力矩分配如表 14-1 所示。

表 14-1

结　点		B		
分配系数		0.571	0.429	
固端弯矩	−150	150	−90	0
分配传递	−17.2 ←	−34.3	−25.7 →	0
最后弯矩	−167.2	115.7	−115.7	0

（1）B 点加约束：

$$M_{AB} = -\frac{200 \times 6}{8} = -150\text{kN} \cdot \text{m}$$

$$M_{BA} = 150\text{kN} \cdot \text{m}$$

$$M_{BC} = -\frac{20 \times 6^2}{8} = -90\text{kN} \cdot \text{m}$$

$$M_B = M_{BA} + M_{BC} = 60\text{kN} \cdot \text{m}$$

（2）放松结点 B，即加负 60 进行分配：

设 $i = EI/l$，计算转动刚度：$S_{BA} = 4i$，$S_{BC} = 3i$；分配系数 $\mu_{BA} = \dfrac{4i}{4i + 3i} = 0.571$，$\mu_{BC} = \dfrac{3i}{4i + 3i} = 0.429$；分配力矩：$M'_{BA} = 0.571 \times (-60) = -34.3$，$M'_{BC} = 0.429 \times (-60) = -25.7$。

（3）叠加得出最后弯矩：将固端弯矩和分配弯矩、传递弯矩叠加，便得到各杆端的最后弯矩。据此即可绘出刚架的弯矩图，如图 14-14b 所示。

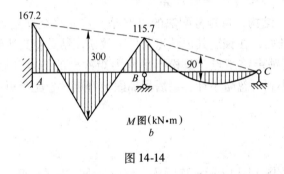

图 14-14

【例 14.2-2】

试作图 14-15a 所示刚架的弯矩图。

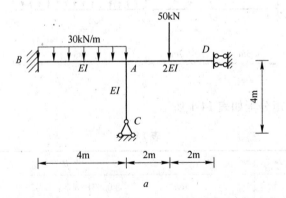

a

解：（1）计算各杆端分配系数。为了计算方便，可令 $i_{AB} = i_{AC} = \dfrac{EI}{4} = 1$，则 $i_{AD} = 2$。

由公式 $R_{1P} = M^F_{12} + M^F_{13} + M^F_{14} = \sum M^F_{1j}$ 得：

$$\mu_{AB} = \frac{4 \times 1}{4 \times 1 + 3 \times 1 + 2} = \frac{4}{4 + 3 + 2} = \frac{4}{9} = 0.445$$

$$\mu_{AC} = \frac{3}{9} = 0.333$$

$$\mu_{AD} = \frac{2}{9} = 0.222$$

（2）计算固端弯矩：

$$M_{BA}^{F} = -\frac{30\text{kN/m} \times (4\text{m})^2}{12} = -40\text{kN} \cdot \text{m}$$

$$M_{AB}^{F} = +\frac{30\text{kN/m} \times (4\text{m})^2}{12} = +40\text{kN} \cdot \text{m}$$

$$M_{AD}^{F} = -\frac{3 \times 50\text{kN} \times 4\text{m}}{8} = -75\text{kN} \cdot \text{m}$$

$$M_{DA}^{F} = -\frac{50\text{kN} \times 4\text{m}}{8} = -25\text{kN} \cdot \text{m}$$

（3）进行力矩的分配和传递。结点 A 的不平衡力矩为 $\sum M_{Aj}^{F} = (40 - 75)\text{kN} \cdot \text{m} = -35\text{kN} \cdot \text{m}$，将其反号并乘以分配系数即得到各近端的分配弯矩，再乘以传递系数即得到各远端的传递弯矩。在力矩分配法中，为了使计算过程的表达更加紧凑、直观，避免罗列大量算式，整个计算可直接在图上书写（或列表计算），如图 14-15b 所示。

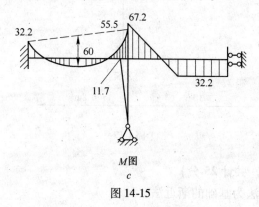

（4）计算杆端最后弯矩。将固端弯矩和分配弯矩、传递弯矩叠加，便得到各杆端的最后弯矩。据此即可绘出刚架的弯矩图，如图 14-15c 所示。

图 14-15

专业词汇

力矩分配法 moment distribution　　刚臂 rigid arm　　转动刚度 rotation stiffness　　不平衡弯矩
out of balance moment　　分配弯矩 distribution bending moment　　分配系数 distribution factor
传递弯矩 carry-over bending moment　　传递系数 carry-over coefficient

专项训练 14.2

一、填空题（每题 5 分，共 25 分）

1. 力矩分配法的要点是：先_____结点，求得荷载作用下的各杆的_____，然后_____结点，将结点上的_____弯矩分配于各杆近端，同时求出远端传递弯矩。叠加各杆端的_____、_____、_____，即得到实际的杆端弯矩。

2. 力矩分配法中，杆端的转动刚度不仅与该杆的_____有关，而且与杆的远端_____有关。

3. 力矩分配法适用于求解连续梁和_____刚架的内力。

4. 图 14-16 所示结构用力矩分配法计算的分配系数 μ_{AB} = _____，μ_{AC} = _____，μ_{AE} = _____。

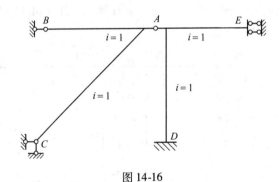

图 14-16

5. 图 14-17 所示刚架用力矩分配法求解时，结点 C 的力矩分配系数之和等于_____，杆 CB 的分配系数 μ_{CB} = _____。

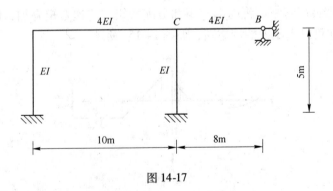

图 14-17

二、判断题（每题 5 分，共计 25 分）

1. 力矩分配法是以位移法为基础的渐近法。（　　　）

2. 在力矩分配法中，同一刚结点处各杆端的分配系数之和等于 1。（　　）

3. 图 14-18 所示结构中各杆的 i 相同，欲使 A 结点产生 $\theta_A = 1$ 的单位转角，需在 A 结点施加的外力偶为 $8i$。（　　）

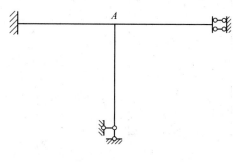

图 14-18

4. 在任何情况下，力矩分配法的计算结果都是近似的。（　　）

5. 多结点力矩分配的计算中，每次只有一个结点被放松，其余结点仍被锁住，对于结点甚多的结构，也可采用隔点放松的方法，这样可提高计算效率。（　　）

三、计算题（每题 10 分，共计 50 分）

1. 试用力矩分配法计算图 14-19 所示刚架并绘制 M 图。

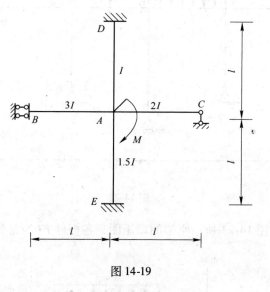

图 14-19

2. 试用力矩分配法计算图 14-20 所示连续梁并绘制 M 图。

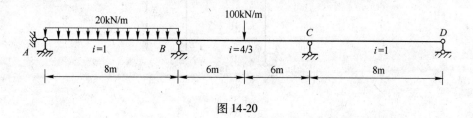

图 14-20

3. 试用力矩分配法计算图 14-21 所示刚架并绘制 M 图（E = 常数）。

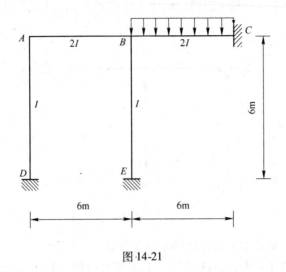

图 14-21

4. 试用力矩分配法计算图 14-22 所示刚架并绘制 M 图（E = 常数）。

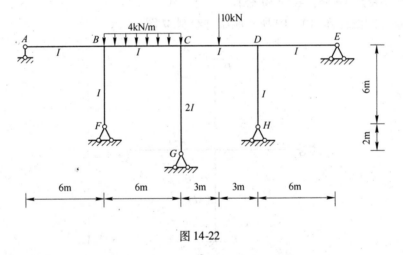

图 14-22

5. 用力矩分配法计算图 14-23 所示刚架的弯矩图，各杆件 EI 为常数。

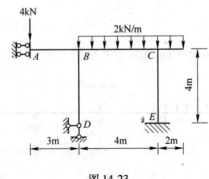

图 14-23

专项训练 14.2 成绩：

优　秀	90～100 分	☐
良　好	80～89 分	☐
中　等	70～79 分	☐
合　格	60～69 分	☐
不合格	60 分以下	☐

参 考 文 献

[1] 周国瑾，等. 建筑力学[M]. 上海：同济大学出版社，2016.

[2] 江怀雁，陈春梅. 建筑力学[M]. 北京：机械工业出版社，2016.

[3] 王秀丽. 建筑力学[M]. 北京：机械工业出版社，2014.

[4] 李廉锟. 结构力学(上册)[M]. 6版. 北京：高等教育出版社，2017.

[5] 李昭. 结构力学同步辅导及习题全解[M]. 5版. 北京：中国水利水电出版社，2014.

[6] 常伏德，王晓天. 结构力学实用教程[M]. 北京：北京大学出版社，2014.

[7] 龙驭球，包世华. 结构力学 Ⅰ专题教程[M]. 3版. 北京：高等教育出版社，2012.